信阳市区域面源污染物入河量调查与核算

张文龙　刘冠华　张　颖　王大祥　程曼曼　编著
李申莹　赵青峰　王永恒　周　青　尤鹏飞

黄河水利出版社
· 郑 州 ·

图书在版编目(CIP)数据

信阳市区域面源污染物入河量调查与核算/张文龙
等编著. —郑州:黄河水利出版社,2024.2
ISBN 978-7-5509-3850-2

Ⅰ.①信… Ⅱ.①张… Ⅲ.①水库污染-面源污染-
调查研究-信阳 Ⅳ.①X524

中国国家版本馆 CIP 数据核字(2024)第 056750 号

组稿编辑:张倩　　　电话:13837183135　　QQ:995858488

| 责任编辑 | 郭　琼 | 责任校对 | 王单飞 |
| 封面设计 | 黄瑞宁 | 责任监制 | 常红昕 |

出版发行　黄河水利出版社
　　　　　地址:河南省郑州市顺河路 49 号　邮政编码:450003
　　　　　网址:www.yrcp.com　E-mail:hhslcbs@126.com
　　　　　发行部电话:0371-66020550
承印单位　河南新华印刷集团有限公司
开　　本　787 mm×1 092 mm　1/16
印　　张　5.25
字　　数　150 千字　　　　　　印　　数　1—1 000
版次印次　2024 年 2 月第 1 版　　2024 年 2 月第 1 次印刷
定　　价　58.00 元

目　录

第 1 章 绪 言

1.1 目标与任务

1.1.1 目标

查清信阳市鲇鱼山水库、石山口水库、泼河水库、息县区域内各类面源污染的产污系数、排污系数及入河系数。在此基础上,核算研究区域内居民生活污染、农业种植污染、畜禽养殖污染和水产养殖污染产生的面源污染物入河量,为后续的综合治理与保护规划提供基础资料。

1.1.2 任务

主要任务如下:

(1)对鲇鱼山水库、石山口水库、泼河水库、息县的面源污染物入河量进行调查。

(2)对研究区域内各类面源污染物的产污系数、排污系数和入河系数的确定开展调查研究。

(3)核算研究区域内不同来源面源污染物入河量。

1.2 工作范围与研究对象

本书主要着眼于信阳市鲇鱼山水库、石山口水库、泼河水库和息县的面源污染物入河量,调查并确定区域内各类面源污染物的产污系数、排污系数和入河系数,最后对区域内不同来源的面源污染物进行核算。

1.3 技术路线

本书采取野外调查、统计资料核实等方法进行面源污染的调查,采用输出系数法进行面源污染物入河量的核算,采用汛期分割法进行面源污染物入河量的合理性分析,并结合野外调查和实际监测数据确定面源污染的产污系数、入河系数和排污系数。本书开展的研究技术路线如图1-1所示。

1.4 水平年

本书调查的数据为2018—2019年的数据,但由于统计数据会推迟发行,为了保证调查数据和统计数据的一致性,本书采用2018年为基本水平年。

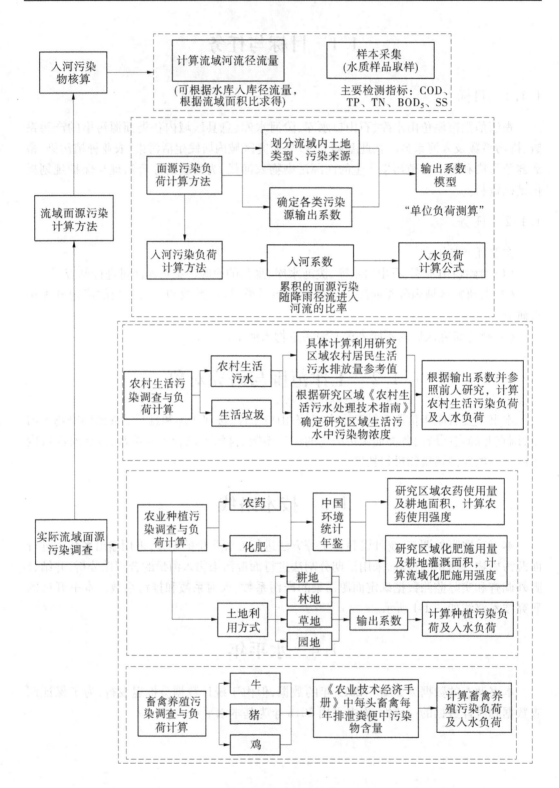

图 1-1　研究技术路线

第 2 章　面源污染核算区域概况与方法

2.1　区域概况

2.1.1　鲇鱼山水库流域概况

2.1.1.1　水库概况

通过梳理历史调查成果并开展专题调查研究,获得鲇鱼山水库及其流域的高分辨率遥感影像、无人机正射影像及其概况。鲇鱼山水库位于淮河支流史灌河西支流灌河上,在河南省信阳市境内商城县西南约 5 km 处,因大坝位于鲇鱼山而得名,水库地理位置如图 2-1 所示。坝址位置在东经 115°22′,北纬 31°44′,多年平均径流量 5.94 亿 m³,控制流域面积 924 km²。水库经历了 1987 年、1991 年特大暴雨洪水后,于 1993—1994 年对水库进行了除险加固,总库容增加到 9.16 亿 m³。

图 2-1　河南省商城县鲇鱼山水库

水库主体工程有主坝(1 座)、副坝(27 座)、溢洪道、泄洪洞、水库电站、渠首枢纽等。主坝长 1 475.6 m,最大坝高 38.5 m,为黏土心墙。副坝长 3 908.5 m,最大坝高 27 m,溢洪道 4 孔,最大泄洪量 5 100 m³/s,泄洪洞最大泄洪量 560 m³/s。水库电站装机容量12 100 kW,灌区设计灌溉面积 143 万亩❶。水库库区迁赔高程、移民高程均为 111.10 m。

---

❶　1 亩 = 1/15 hm²,余同。

水库历史最高洪水位为 109.31 m,出现在 2003 年 7 月 12 日。鲇鱼山水库正射图见图 2-2。

图 2-2　鲇鱼山水库正射图

鲇鱼山水库的河道总长为 10.35 km,位于上游的支流共计 12 条,其分布呈叶脉状,其中 5 条位于左岸,7 条位于右岸,河陡流急。海拔在 15.75~25 m,流域内由南向北呈倾斜状态,依势为深山、浅山、丘陵,有较好的土质条件,砂土、土壤土多分布于南部山区。鲇鱼山水库所在河流灌河发源自河南省商城县西南部的大伏山脉棋盘石(海拔 1 315 m)北麓,北流折向东流,经过商城县中部,全长为 164.8 km,集雨面积 1 651.5 km²,多年平均流量 33 m³/s。通过遥感影像调查鲇鱼山水库流域,总面积 916 km²,其土地利用分类影像如图 2-3 所示。其中,林地占比 53%,其面积为 487 km²,主要以种植茶树为主;耕地占比 17%,面积为 152 km²。

2.1.1.2　气象水文

灌河流域地处亚热带—暖温带过渡地带,属东亚季风副热带暖湿气候,夏季多雨且炎热,冬季干燥且寒冷,四季分明,雨量充沛,雨热同季,无霜期长,光照充足,水资源丰富,是国家级生态湿地保护区;多年平均风速 2.5 m/s,瞬时最大风速可达 18 m/s,受到季风气候的影响,天气的变化较为剧烈,降雨的时空分布极其不均匀,降水量从南向北依次递减。历年最大洪峰流量为 6 500 m³/s,多年平均气温为 16 ℃,最高气温为 42 ℃,最低气温为-14 ℃。历年最大年降水量 1 842.2 mm,发生于 1987 年;历年最小年降水量 752 mm,发生于 1978 年;年降雨日平均为 110~120 d。区内气候温和,雨量充沛,多年平均降水量 1 200 mm,全年降雨分布主要集中在汛期,即 6—9 月,多年平均径流量 6.26 亿 m³,多年平均蒸发量为 760 mm。

2.1.1.3　地形地貌

鲇鱼山水库的东北方向毗邻商城县县城,南侧为大别山山脉。鲇鱼山水库所处的地

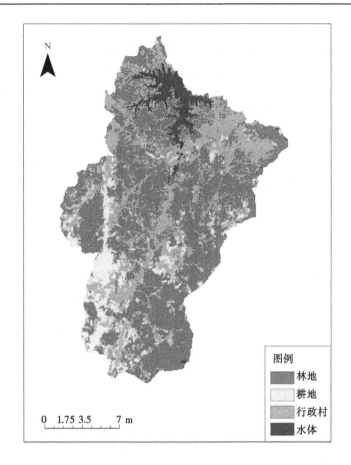

图 2-3　鲇鱼山水库土地利用遥感分类

区总体来说由西南到东北方向地势降低,其中靠近南方地区最高海拔在 400 m 左右,东北地区海拔大约为 80 m,其中鲇鱼山水库库面的海拔在 95 m 左右。库区附近的 DSM 如图 2-4 所示。

图 2-4　鲇鱼山水库 DSM

2.1.1.4　水质现状

根据商城县人民政府于 2019 年 6 月 26 日发布的《商城县鲇鱼山水库生态环境质量考核二季度监测报告》，检测将《地表水和污水监测技术规范》（HJ/T 91—2002）、《地表水环境质量标准》（GB 3838—2002）及《商城县环境质量监测工作实施方案》作为监测依据。检测结果显示，未检测出铜、锌、砷、汞等重金属物质及硝基苯、四氯乙烯等有机化合物，水源地水质中其他检测到的污染物结果部分列于表 2-1。

表 2-1　商城县鲇鱼山水库生态环境质量考核水源地水质检测报告

检测项目	检测结果
水温/℃	7.8
pH	7.83
溶解氧/(mg/L)	8.1
高锰酸盐指数/(mg/L)	3.2
COD/(mg/L)	10
BOD_5/(mg/L)	2.3
氨氮/(mg/L)	0.12
总磷/(mg/L)	0.02
总氮/(mg/L)	0.39
氟化物/(mg/L)	0.29
硫化物/(mg/L)	0.014
硝酸盐氮/(mg/L)	0.28

根据《地表水环境质量标准》（GB 3838—2002），鲇鱼山水库所检测样本部分指标值较低，达到饮用水的水质标准。

2.1.2　石山口水库流域概况

2.1.2.1　水库概况

石山口水库位于竹竿河支流小潢河中部，控制流域面积 306 km²，是以防洪、灌溉为主，结合发电、养鱼等综合利用的大型水库，占小潢河流域面积的 38%。水库建成于 1969 年，水库位置如图 2-5 所示。现在水库防洪标准为 100 年一遇设计，5 000 年一遇校核，总库容 3.72 亿 m³，水电站装机 3 台，总容量 765 kW。石山口水库防洪、灌溉、发电效益显著。水库通过拦蓄洪水，发挥其调洪错峰作用，减轻了下游的洪害；设计灌溉面积 2 万 hm²，其中自流灌溉 1.5 万 hm²，提灌 0.5 万 hm²，现实灌 1.7 万 hm²，年均发电量 116 万 kW·h，水生动植物和湖泊周边生态环境都有较好的经济效益。

水库主体工程有主坝、副坝、溢洪道及输水洞。主坝坝型为黏土心墙砂壳坝，坝高 26 m，坝长 295 m，坝顶宽 7 m。副坝位于主坝左侧 350 m 处，为均质土坝，黏土铺盖防渗，坝顶长 220 m，坝顶宽 6 m，坝高 14 m。非常溢洪道在副坝左侧，堰宽 110 m，堰底高程 78 m；堵坝

图 2-5　河南省罗山县石山口水库地理位置

坝顶高程 84 m,坝顶宽 5 m;防浪墙顶高程 84 m。输水洞位于主坝右端,长 85 m,洞径 1.8 m,最大泄量 27 m³/s。洞中岔出一条支管,末端建有电站。灌溉洞(南干渠首)位于溢洪道右侧,最大泄量 33 m³/s。石山口水库无人机正射影像及坝址如图 2-6、图 2-7 所示。

图 2-6　石山口水库无人机正射图像及坝址

　　石山口水库所在的小潢河,是淮河中上游的一条支流,全长 140 km,发源于河南省信阳市新县万子山脉,流域于河南省信阳市新县、光山县、潢川县,至潢川县踅孜镇两河村注

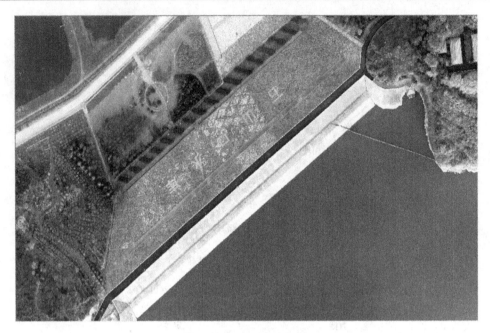

图 2-7　石山口水库坝址

入淮河。小潢河多年平均径流量 12 亿 m³,最大流量 3 726 m³/s(1968 年),最小为 0,河道纵坡降约 1.18/1 000。石山口水库流域主要涉及朱堂乡、灵山镇、青山镇、彭新镇,涉及人口大约 10 万人,涉及企业近百家。

通过遥感影像调查石山口水库流域,土地利用遥感分类如图 2-8 所示。其中,林地与耕地的占比分别为 50% 和 19%。

2.1.2.2　气象水文

石山口水库流域地处我国南北气候过渡带,属暖温带半湿润季风气候区。其特点是:气候温暖湿润,四季分明,雨热同季,降水和光照比较充足,冬季寒冷,夏季炎热;但降水时空分布不均,春季气温波动大,夏季多暴雨,秋季多旱涝。全年日照时数 21 178 h,高于亚热带中心区,低于暖温带,年平均气温 15.1 ℃,高于暖温带而低于亚热带中心区,最冷的 1 月平均气温为 1.8 ℃,最热的 7 月平均气温为 27.5 ℃,极端最低气温为-18.2 ℃(1977 年 1 月 23 日)。

石山口流域所在地区多年平均降水量 1 023.4 mm(1971—2000 年),年均日照时数为 1 861.1 h;全年无霜期为 295~331 d;年平均相对湿度 77%,平均风速为 2.4 m/s。

根据罗山县 1995—2014 年降水资料统计分析,降水有如下特点。

1. 年际变化大

多年平均降水量 949 mm,最大年降水量 1 292 mm(2000 年),最小年降水量 466 mm(2001 年);近 20 年降水资料显示,24 h 最大降水量 168 mm(2008 年),1 h 最大降水量 68 mm(2011 年),30 min 最大降水量 61 mm(2011 年),10 min 最大降水量 30 mm。

2. 分配相对不均

以 24 h 降水量标准来看,近 20 年几乎每年都出现日降水量大于 50 mm 的暴雨天,且主要分布在 5—8 月,即降水主要集中在夏季,其他季节降水较少。从 20 年各月降水总量

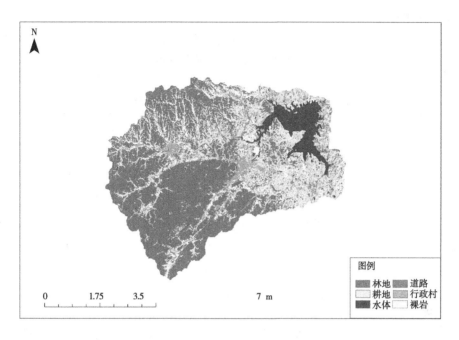

图 2-8　石山口水库土地利用遥感分类

平均值来看,12 月月累积降水量最低(23 mm),7 月累积降水量最大(175 mm),其次为 6 月(138 mm)和 8 月(137 mm),而 5—8 月的月累积降水量比值为 58%。

2.1.2.3　地形地貌

石山口水库流域总体南部、西部地势高,东部、北部地势较低。南部海拔最高为 650 m 左右,西部海拔最高为 200 m 左右,水库水面海拔为 80 m 左右。而石山口水库以北、以东地区海拔为 60~80 m。石山口水库 DSM 如图 2-9 所示。

图 2-9　石山口水库 DSM

2.1.2.4　水质现状

罗山县人民政府 2019 年 1 月发布的"石山口水库水质重点指标监测结果与标准值对比表"是由罗山县环境保护局于 2018 年 12 月监测得到的各监测指标值,对比表如表 2-2 所示。

表 2-2　石山口水库水质重点指标监测结果与标准值对比

项目名称	总氮/ (mg/L)	总磷/ (mg/L)	汞/ (μg/L)	氟化物/ (mg/L)	pH	溶解氧/ (mg/L)	化学需氧量/ (mg/L)	高锰酸钾 指数/(mg/L)
测量值	0.71	未检出	未检出	0.27	7.01	9.1	15.1	2.3
I 类标准值	≤0.2	≤0.02(湖库 0.01)	≤0.05	≤1.0	6~9	≥7.5	≤15	≤2
II 类标准值	≤0.5	≤0.1(湖库 0.025)	≤0.05	≤1.0	6~10	≥6	≤15	≤4
III 类标准值	≤1.0	≤0.2(湖库 0.05)	≤0.1	≤1.0	6~11	≥5	≤20	≤6
IV 类标准值	≤1.5	≤0.3(湖库 0.1)	≤1.0	≤1.5	6~12	≥3	≤30	≤10
V 类标准值	≤2.0	≤0.4(湖库 0.2)	≤1.0	≤1.5	6~13	≥2	≤40	≤15

通过测量值与各类标准值比较分析可知,总氮、化学需氧量为 III 类水质标准,其他指标达到 I 类或 II 类水质标准,符合居民饮用水标准要求。

2.1.3　泼河水库流域概况

2.1.3.1　水库概况

泼河水库于 1960 年动工兴建,1972 年竣工。泼河水库地处大别山北麓,坐落在淮河水系潢河右支泼陂河上,距光山县泼陂河镇 3 km,是淮河上游以防洪、灌溉为主,兼顾养鱼、发电、城镇供水和水利风景旅游等综合利用的大型水利工程。水库控制流域面积 222 km²,总库容 2.35 亿 m³,库水面 1.7 万亩。库坝由 1 座主坝和 11 座副坝组成,主坝长 1 050 m,最大坝高 26.6 m,坝顶高程 86.60 m。泼河水库防洪标准为 100 年一遇洪水设计,1 000 年一遇洪水校核。泼河水库无人机正射影像及坝址如图 2-10、图 2-11 所示。

图 2-10　泼河水库无人机正射影像及坝址

图 2-11 泼河水库坝址

泼河水库分别距离新县与光山县各 25 km,地理位置如图 2-12 所示。从源头到水库,泼河水库主要涉及 3 个乡(镇),依次为周河乡、八里畈镇、泼陂河镇。整个地区的人口大约有 10 万人,其中新县周河乡、八里畈镇的经济主要是第一产业,而光山县泼陂河镇的经济主要是第二产业。

泼河水库气候处于秦岭淮河气温分界线上,属亚热带向暖温带过渡区,气候温暖、四季分明、阳光充足、雨量充沛、植被茂盛。水库流域上游山峦起伏连绵、峰高谷深、河溪交错。风景区内林木葱郁,层峦叠翠,绿树成荫,多为天然次森林、人工林及散生亚热带经济林。森林覆盖率达 75%。泼河水库土地利用遥感分类如图 2-13 所示。

2.1.3.2 气象水文

泼河流域地处亚热带向暖温带过渡地带,属亚热带北部季风型潮润、半潮润气候,全年四季分明,年平均日照时数 1 990 h,年平均气温 15.4 ℃,全年无霜期平均为 226 d,年平均降水量 1027.6 mm。

2.1.3.3 地形地貌

泼河水库位于光山县县城与新县县城之间,其中泼河水库控制流域是一个东南—西北方向的狭长地带,而且总体地势东南高、西北低。泼河水库流域的海拔最高处大约有 750 m,而泼河水库的库面水体海拔仅为 95 m 左右。泼河水库 DSM 如图 2-14 所示。

2.1.3.4 水质现状

河南省信阳市泼河水库管理局 2020 年发表的《泼河水库浮游植物群落结构特征与水质评价》中提到了泼河水库最新的水质检测结果。结果如下:

泼河水库各采样点的总氮含量在 0.263~0.700 mg/L,以采样点 1 水深 6 m 时最高,采样点 2 表层水最低;总磷含量在 0.020~0.034 mg/L,以采样点 3 水深 10 m 时最高,采

图 2-12　河南省信阳市光山县泼河水库

样点 2 水深 10 m 时最低;高锰酸盐浓度在 2.584~3.119 mg/L,以采样点 1 水深 6 m 时最高,表层水最低;亚硝酸盐含量在 0.005~0.011 mg/L,以采样点 1 表层水最高,采样点 3 水深 10 m 时最低;氨氮含量在 0.110~0.131 mg/L,以采样点 1 表层水及采样点 2 表层水和水深 5 m 时最高,采样点 3 水深 5 m 时最低。

　　根据《地表水环境质量标准》(GB 3838—2002)并结合泼河水库水质的调查,结果显示,2018 年 3 月泼河水库水质总体为Ⅱ类水(Ⅱ类水主要适用于集中式生活饮用水地表水源地一级保护区、鱼虾类越冬场、洄游通道、水产养殖区等渔业水域及游泳区)。

　　根据水化因子来评价水质状况,结果表明,泼河水库的水质总体为Ⅱ类水,水质较好,适用于居民生活用水和渔业发展用水。

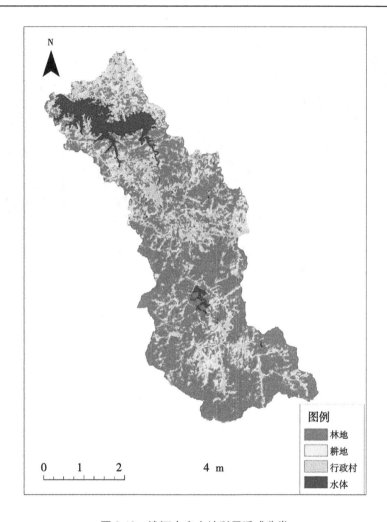

图 2-13　泼河水库土地利用遥感分类

2.1.4　息县概况

2.1.4.1　区域概况

　　息县位于中原腹地南侧,千里淮河上游,辖 23 个乡(镇、街道),总面积 1 892 km²,总人口 113 万人。截至 2019 年 10 月,息县下辖 21 个乡(镇、街道):谯楼街道、淮河街道、龙湖街道、项店镇、包信镇、东岳镇、小茴店镇、夏庄镇、曹黄林镇、杨店乡、路口乡、彭店乡、孙庙乡、白土店乡、陈棚乡、临河乡、八里岔乡、关店乡、长陵乡、张陶乡、岗李店乡;另辖 1 个乡级单位:濮公山管理区。息县位置如图 2-15 所示。

　　2019 年,息县生产总值为 253. 91 亿元。其中,第一、第二、第三产业分别为 53. 1 亿元、87. 06 亿元、113. 75 亿元,第一、第二、第三产业结构占比为 20. 9∶34. 3∶44. 8。全社会固定资产投资同比增长 13. 9%;社会消费品零售总额同比增长 10. 3%;一般公共财政预算收入和支出分别完成 8. 097 亿元、79. 917 亿元;城镇居民人均可支配收入 29 157 元,同比增长 7. 3%;农村居民人均可支配收入 12 862. 9 元,同比增长 9. 7%。

图 2-14　泼河水库 DSM

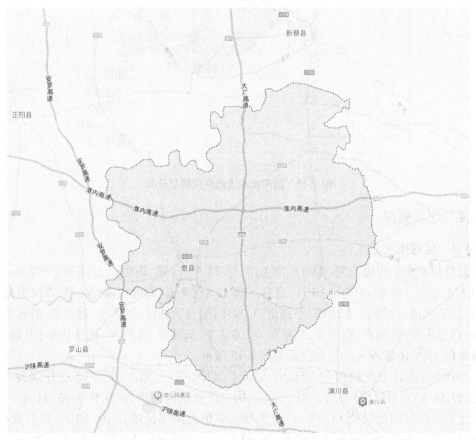

图 2-15　河南省息县位置

土地利用遥感分类的结果显示,其耕地面积约为 797 km²,占比 42%;林地面积约为 240 km²,占比 12.7%。

2.1.4.2　气象水文

息县处于北亚热带向暖温带过渡的季风湿润区,四季分明,日照充足,雨热同季,光、热、水资源丰富。气温属典型的季风气候区,风向随季风的更替而变换:春季多东风,夏季多南风,秋季多西风,冬季多北风。年平均气温 15.5 ℃,无霜期达 220 d 以上,年平均降水量在 1 200 mm 以上,日照时数在 1 700 h 以上,日平均气温 ≥ 10 ℃ 的积温为 5 630.2 ℃。

全县境内河流均属淮河水系,水资源总量约 3.64 亿 m³,其中地表水约 1.78 亿 m³,地下水约 1.86 亿 m³。主要河流有淮河干流,淮河一级支流——清水河、闾河、泥河、澺河、寨河、竹竿河、运粮河、范港、临河港,淮河二级支流——莲花港、乌龙港、马步港、孟店孜港、汝河倒流水、小李河、龙泉河,淮河三级支流——朱鹤港、白马港、吴港、顾港等。除淮河外,全部为雨源型河道。

2.1.4.3　地形地貌

息县地处黄淮平原的南部边缘,因受地质及外力作用的长期影响和侵蚀,地表形态大体可分为丘陵、洼地、平原 3 个类型,其中以地势低平的平原地形为主,平均海拔 47 m。淮河以北地势由西北向东南略倾斜,淮河以南地势由东北向西南逐渐降低。

2.1.4.4　水质现状

根据息县人民政府 2020 年 10 月 19 日发布的息县县城地下饮用水水源水质(第三季度)监测数据(见表 2-3),对比各指标标准值含量可知,息县的饮用水水质均符合目前的水质要求。

表 2-3　息县县城地下饮用水水源水质监测数据

监测因子	氨氮/ (mg/L)	pH	总硬度/ (mg/L)	氯化物/ (mg/L)	氟化物/ (mg/L)	锰/ (mg/L)	溶解性 总固体/ (mg/L)	耗氧量/ (mg/L)
检测值	未检出	7.26	199	4.3	0.40	0.012 5	258	0.8
标准值	≤0.5	6.5~8.5	≤450	≤250	≤1.0	≤0.1	≤1 000	≤3.0

根据信阳市生态环境局发布的信阳市 2 月水环境质量公报,息县长陵乡淮干息淮站和息县长陵乡闾河桥站的水量均为 Ⅳ 类,污染较为严重。

2.2　区域面源污染来源分析

2.2.1　区域面源污染的形成机制

面源污染又称非点源污染,主要由可溶解的或固体的污染物(如氮磷营养物质、农药、农村禽畜粪便、生活垃圾、各种大气颗粒物等有机或无机物质)组成,在降水和径流冲刷作用下,随着地表径流、农田排水、土壤侵蚀等方式使其携带的氮、磷污染物被侵蚀而输送到水体,进一步导致受纳水体(包括河流、湖泊、水库、海湾等)水质恶化,从而引起水体富营养化,进而污染土地或导致其他形式的污染。

面源污染主要特点为随机性、广泛性、分散性、滞后性、隐蔽性、模糊性、潜伏性、不易检测性和空间异质性。点源污染因污染源只有一个或少数几个点,因此容易追溯和治理,但面源污染的追溯和治理一直缺乏更有效的技术手段。相较于点源污染,面源污染产生机制复杂,影响因子多,变化程度复杂,这加大了面源污染研究工作的难度。

"水库"的概念一般为拦洪蓄水和调节水流的水利工程建筑物,可以利用来灌溉、发电、防洪和养鱼。它是指在山沟或河流的狭口处建造拦河坝形成的人工湖泊。水库建成后,可起防洪、蓄水灌溉、供水、发电、养鱼等作用。但是水库也有一定的弊端,不断的灌溉会使地下水位上升,把深层土壤内的盐分带到地表,再加上灌溉水中的盐分和各种化学残留物含量高,会导致土壤盐碱化。此外,库区水面面积大,大量的水被蒸发,土壤盐碱化使土壤中的盐分及化学残留物增加,从而使地下水受到污染,提高了下游河水的含盐量,进而恶化水质。流域上游流域内可溶解的或固体的污染物,例如氮素、磷素、农药重金属、牲畜粪便、农用塑料、生活固体垃圾等在降水和径流的冲刷作用下汇入下游水体,进而对下游的水质造成一定的破坏。水质的恶化及水流流速的减慢,使水生植物及藻类到处蔓延,不仅蒸发掉大量河水,还堵塞河道、灌渠等。这些水生植物不仅遍布灌溉渠道,还侵入了主河道。它们阻碍着灌渠的有效运行,需要经常性地采用机械或化学方法清理。这样,又增加了灌溉系统的维护费用。由此看出,水库在一定程度上起到了拦蓄洪水、削减下游河道洪峰流量,进而达到减免洪水灾害的目的。但是,由于其存在也有一定的潜在隐患,因此水库的管理与定期调查显得尤为重要。

2.2.2　面源污染来源分析

面源污染虽然是由自然因素及降雨引发的,但面源污染的强度与人类活动密切相关。近年来,人民的生活水平日益增长,消费水平也逐渐提高,居民日常生活中产生的生活垃圾、污水等也增多。此外,随着人口增长、城镇化建设不断推进,为了保证粮食生产,土地的高强度利用加速了土壤侵蚀以及化肥、农药、农膜等化学品的大量投入,给水体造成了严重影响。

面源污染往往来源很广,方式、途径等很复杂,根据发生的区域不同,分为城市面源污染和农业面源污染,而对于入河量调查与核算来说,农业面源污染是引起河流、水库中水环境质量下降的主要原因。农业面源污染的污染物主要包括 TN、TP 等。农业面源污染的来源主要包括农村生活污染、农业种植业污染、畜禽养殖业污染。

2.2.2.1　农村生活污染

农村生活污染主要是指农村居民在日常生活中产生的生活污水、生活垃圾、粪便等污染物造成的污染。近年来,随着农村经济的发展,农民的生活水平不断提高,农村的生活污染物总量越来越多。农村生活污水分为黑水和灰水,黑水主要指粪便冲洗水;灰水主要指厨房、洗衣、洗浴用水等。农村地区生活污水排放分散,缺乏有效的收集措施,相关调查显示,我国96%的村庄没有排水渠道和污水处理设施。农村生活垃圾主要包括可回收垃圾、餐厨垃圾、包装垃圾、无机垃圾、有害垃圾等。农村生活垃圾产生量大、随意堆放严重,严重影响环境。农村生活垃圾随意丢弃、生活污水随意排放,经过降水冲刷产生 TN、TP、COD、氨氮、大肠杆菌、重金属等污染物。

2.2.2.2　农业种植业污染

在农业种植中,化肥、农药、地膜被大量使用,化肥、农药、地膜的使用对粮食增产、农业发展起了重要作用,但是由于农药不合理使用、化肥施用的强度过高,农田残膜缺乏有效的治理措施,从而造成我国农业种植污染产生的面源污染相对严重。农药的使用是一把双刃剑,农药长期大量的使用,保障农民获得丰厚农产品的同时也给环境带来了严重的危害,农药残留污染问题日益严重,农药随地表径流进入河流,或淋溶进入地下水,是农业面源污染的来源之一。我国化肥的使用量逐年递增,2014 年化肥的施用强度为 337.2 kg/hm^2,远远超出国际公认的化肥施用安全上限(225 kg/hm^2),大约是 1980 年施用强度的 4 倍。我国化肥施用强度大,但化肥的利用率较低,仅为33%。化学肥料主要造成 TN、TP、硝酸盐等的污染,是农业面源污染的第一位污染物。

农业面源污染物入河系数是指在流域产污单元内产生、累积的污染物被降雨和下垫面介质驱动、传输、拦截后最终进入对应子流域内主河道的污染物负荷量与污染物产生量的比例。入河系数侧重于陆面污染物自然削减过程,不包括河道水体自然净化过程,也不同于污染源产污系数。入河系数测算由一套基于嵌套式流域水文传输过程及空间分布特征的参数核算体系构成,包括降雨、地形、地表径流、地下蓄渗/地下径流及植物截留构成的五大类影响因子及其对应的算法体系,而非针对某条河流的一个参数值或一种模拟计算方法。

2.2.2.3　畜禽养殖业污染

养殖污染主要是指畜禽或水产养殖产生的污染。畜禽养殖若达不到标准的养殖条件,对养殖粪便等不进行彻底处理甚至不处理,当发生降水时,污染物会随地表径流流入附近河流或渗入地下而污染地下水。同时,养殖废弃物堆放会产生 NH_3、H_2S 等气体。水产养殖主要是因饲料、药物、养殖产品代谢物产生的污染。由于养殖时养殖密度不合理、养殖户技术和管理不完善等造成养殖污染。养殖投入的饵料不能完全被摄取,残余的饵料在水下分解,消耗溶解氧产生氮、磷等污染物质。水产养殖投入药物控制病害,药物残留在水中,直接造成水污染。养殖的生物产生的粪便、分泌物排入水体,被微生物分解,产生氮、磷等物质对水质造成污染。

信阳市的畜禽养殖业历史上一直是以千家万户散养的形式为主,近年来,由于规模养殖的快速发展,在信阳市出现了多个规模养殖场,而且成片喂养,畜禽粪便污染问题逐步显现出来。据不完全统计,信阳市畜禽粪便年排放量高达 1 295.42 万 t,如果加上冲洗畜禽圈舍的污水、废水及病菌等,这个面源的危害更大,严重危害了水体,严重破坏了信阳市的生态环境。

2.3　流域面源污染计算方法

2.3.1　面源污染负荷计算方法

流域存在着农村生活污染、农业种植业污染、畜禽养殖业污染等。根据污染物调查进行鲇鱼山水库、石山口水库、泼河水库、息县的面源污染负荷估算,以确定流域污染现状,为后期信阳市该研究区域内的污染治理提供数据基础。本书流域面源污染负荷估算选择的方法为输出系数模型。输出系数模型是被广泛应用的计算面源污染负荷的方法,在京津冀、四川、松辽流域及三峡库区均有应用。输出系数模型结构简单并且数据容易获取,计算区域设置灵活,既可以以流域为边界,也可以以行政单元为边界,计算时间段的设置可以是月、季或者年,同时该模型精度较高,计算可靠。基于输出系数模型这些优点,正适合鲇鱼山水库、石山口水库、泼河水库、息县研究边界既有流域也有行政单位,且研究区域内数据相对较少的区域负荷估算。

输出系数模型的计算思路为单位负荷测算,其实质是计算每个计算单元(居民、单位土地、牲畜)的污染物产生量,然后将总量(人口数、土地面积、牲畜量)与每个计算单元的平均污染物产生量相乘之积作为研究范围内面源污染的潜在污染量。该方法于 20 世纪 70 年代在美国发展起来,Johnes 根据已有相关的研究成果总结了输出系数模型的标准公式,该公式为输出系数模型的经典公式。公式如下:

$$L = \sum_{i=1}^{n} E_i A_i + P \tag{2-1}$$

式中　L——研究区域内面源污染负荷潜在产生总量;

　　　n——污染来源包括土地利用类型的种类或人口、牲畜等;

　　　E_i——第 i 种污染来源的污染物输出系数;

　　　A_i——第 i 种污染来源的数量(牲畜、人口)或第 i 种污染物来源的面积;

　　　P——降雨的污染物输出量。

本书中输出系数的时间步长取 1 年,基础数据以 2018 年数据进行计算,参考《2019年信阳统计年鉴》,计算研究区域内 1 年的污染物输出量。对输出系数进行合理取值是输出模型计算的关键,计算前需要划分流域内的土地类型、污染来源,然后通过文献资料调查及现场调查确定各类污染源的输出系数。本书参考相似自然条件下的其他地区的研究成果、普查公报等确定输出系数。

2.3.2　入河污染负荷计算方法

不同污染物入河负荷的计算是在面源污染负荷计算后,根据入河负荷计算公式计算得出的。入河系数又称入水系数、入水率。该系数是描述面源污染物进入水中的重要参数,即累积的面源污染随降雨径流进入河流的比率。

入水负荷的计算公式为

$$R_i = \sum_{i=1}^{n} L_{i,j} \times \lambda_{i,j} \tag{2-2}$$

式中　R_i——第 i 种污染物的入水负荷；

　　　$L_{i,j}$——第 i 种污染物第 j 种营养源的排放负荷；

　　　$\lambda_{i,j}$——第 i 种污染物第 j 种营养源的入河系数。

排污系数即污染物排放系数,指在典型工况生产条件下,生产单位产品(使用单位原料)所产生的污染物量经过末端治理设施削减后的残余量,或生产单位产品(使用单位原料)直接排放到环境中的污染物量。当污染物直排时,排污系数与产污系数相同。

2.3.3　面源污染核算的成果合理性检验方法

降雨所产生的径流冲刷是产生非点源污染的原动力,降雨径流也是非点源污染负荷的载体。如果没有产生地表径流,非点源负荷很难进入受纳水体中。因此,通常可以认为非点源污染负荷主要由汛期时所产生的地表径流所引起,而枯水季节水质的污染主要由点源污染所引起。相对比较稳定的是点源污染负荷 L_P,通过实测枯水季节流量 $Q_{非汛期} \times$ 枯季的污染物浓度 $C_{非汛期}$ 可得;而汛期总污染负荷 L 是通过实测汛期的流量 $Q_{汛期} \times$ 汛期的污染物浓度 $C_{汛期}$ 可得;最后两者之间产生的差即汛期产生的非点源污染负荷 L_n。由此得到实测的非点源污染负荷 TN、TP,验证模型结果的合理性。

污染分割法主要以流域在出口的断面径流、水质、径流在年内分配为主要基础,属于水文方法。在一般情况下,汛期的河道径流由地面径流 Q_s、地下径流 Q_G、壤中流 Q_W 组成,即一般情况下 $Q_{汛期} = Q_s + Q_G + Q_W$,而在非汛期(或者是流域在经历雨季后的一段时间后),这种情况下由降雨引起的壤中流和地表径流已经基本流完,这个时候非汛期的径流量就是地下径流 Q_G,即 $Q_{非汛期} = Q_G$。

第3章 鲇鱼山水库面源污染物入河量调查与核算

3.1　鲇鱼山水库面源污染源调查

3.1.1　调查范围界定

根据地形图、水系图和调查结果,鲇鱼山水库的面源污染主要涉及 5 个乡(镇、街道),从源头开始依次为长竹园乡、达权店镇、汪岗镇、吴河乡、鲇鱼山街道。鲇鱼山水库流域蕴含丰富的自然资源,两岸山峦重叠,湖谷开阔,有大片板栗园及茶园;蕴藏丰富的鱼类资源,盛产鲫鱼、鲤鱼、草鱼、青鱼、鳜鱼、翅腰、黄桑等鱼类,种类、数量繁多,体型较大。因此,其面源污染主要以居民生活、农业种植(耕地和茶园)、畜禽养殖和水产养殖为主。

3.1.2　居民生活污染源调查

鲇鱼山水库流域内居民生活污染包括农村生活污染和城镇生活污染。农村生活污染包括农村生活污水、生活垃圾等污染。城镇居民生活过程中产生的污水、废气及生活垃圾含有大量有机物、细菌及有害物质,污染城市环境,破坏城市生态平衡。农村生活污水包括日常生活洗漱、洗浴、洗衣服、冲厕、餐厨过程中产生的污水,农村生活污水有机物含量最高,NH_3-N、TN、TP 含量也较高。生活垃圾主要分为可回收垃圾、餐厨垃圾、包装垃圾、无机垃圾、有害垃圾等。经过调查,该地区农村没有污水排水管网,污水直接排放导致居民产生的污水通过降水冲刷等方式进入河流。另外,该地区的生活垃圾没有集中处理,目前生活垃圾处于随处丢弃状态,污染物质随降雨径流汇入河流,污染水体。

经过调查及结合《2019 年信阳市统计年鉴》,2018 年底长竹园乡有常住人口 22 580人,达权店镇有常住人口 25 246 人,汪岗镇有常住人口 18 187 人,吴河乡有常住人口 18 221 人,另外由于鲇鱼山街道已发展为城镇,污染物可经过收集处理后再排放,鲇鱼山街道城乡生活污染已由面源污染转为点源污染。因此,居民生活污染主要以 4 个乡(镇)的生活污水为主。该区域处于基础条件较好、自来水普及、各家各户均有卫浴设备且给排水设施完善的区域,根据走访调查,区域居民生活用水量为 100 L/(人·日)。根据调查取样,该区域生活污水中,TP 浓度为 4.16 mg/L,TN 浓度约为 52.5 mg/L。

3.1.3　农业种植污染源调查

鲇鱼山水库流域的种植业主要为农作物和茶果园林,而种植业的面源污染源主要来自这两方面,因此对种植业的污染负荷计算主要从这两方面入手。根据 2019 年遥感影像解译和实地调查,长竹园乡有耕地面积 1.6 万亩(折合约 1 067 hm²),林业面积 143 423亩(折合约 9 562 hm²);达权店镇有耕地面积 13 800 亩(折合约 920 hm²),林业面积 3 万亩(折合约 2 000 hm²);汪岗镇有耕地面积 12 700 亩(折合约 847 hm²),林业面积 7.82 万亩(折合约 5 213 hm²);吴河乡有耕地面积 27 280 亩(折合约 1 819 hm²),林业面积 12.47万亩(折合约 8 313 hm²);鲇鱼山街道有耕地面积 14 565 亩(折合约 971 hm²),林业面积 27 258 亩(折合约 1 817 hm²)。这 5 个乡(镇、街道)总共的耕地面积为 5 624 hm²,园林的面积为 26 905 hm²。

鲇鱼山水库上游各乡(镇、街道)耕地和林地面积统计如图 3-1、图 3-2 所示。

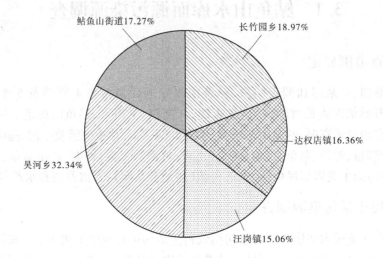

图 3-1　鲇鱼山水库流域内各乡(镇、街道)耕地面积占比

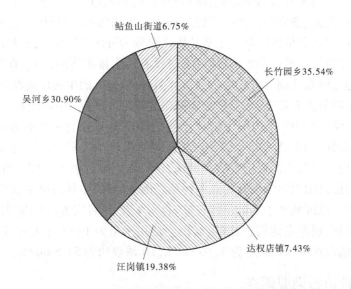

图 3-2　鲇鱼山水库流域内各乡(镇、街道)林地面积占比

化学肥料简称化肥,由人工用化学和(或)物理方法制成,其中含有一种或多种作物生长所需要的营养元素。化肥是农业生产最基础而且最重要的物质投入。化肥除尿素外均为无机化合物。土壤中的氮、磷、钾等常量元素,硼、铜、锌、锰、铁等微量元素通常不能满足农作物的正常需求,需要施用化肥来补充。但是,无论为何种原料和何种形态的化肥,都不能完全被农作物吸收利用。我国化肥的利用率仅为 33%,氮肥为 30% ~ 50%,磷肥为 10% ~ 20%,钾肥为 35% ~ 50%。未被农作物利用的化肥,在降雨发生时随地表径流汇入河流导致水体富营养化。由于我国化肥使用普遍过量,因此化肥是造成污染的重要原因。根据走访调查,研究区域内 5 个乡(镇、街道)的化肥使用量总共为 3 210 t,其中以复合肥为主。鲇鱼山水库上游各乡(镇、街道)耕地和林地面积统计如表 3-1 所示。

表 3-1　鲇鱼山水库上游各乡(镇、街道)耕地和林地面积统计

乡镇名称	耕地面积/hm²	占比/%	林业面积/hm²	占比/%
长竹园乡	1 067	18.97	9 562	35.54
达权店镇	920	16.36	2 000	7.43
汪岗镇	847	15.06	5 213	19.38
吴河乡	1 819	32.34	8 313	30.90
鲇鱼山街道	971	17.27	1 817	6.75
合计	5 624	1.00	26 905	1.00

3.1.4　畜禽养殖污染源调查

畜禽养殖是农村经济的支柱产业之一,其产值仅次于种植业,畜禽养殖为农民带来了良好的经济收益。鲇鱼山畜禽养殖的对象主要为牛、猪、羊、兔及禽类。畜禽养殖会带来环境问题,畜禽的粪便、尿液、养殖过程中产生的污水等会污染地下水,在降雨发生时,随地表径流汇入河流,为河流带来污染物,畜禽养殖带来的污染物主要有氮、磷,容易引起水体富营养化。畜禽粪便堆放过程中,也占用了土地资源,对土壤环境有一定的污染。根据调查结果,并对信阳市社会经济统计年鉴进行校正,近些年来,鲇鱼山水库上游流域各乡(镇、街道)畜禽养殖规模如表 3-2 所示。

表 3-2　各乡(镇、街道)畜禽养殖规模统计(2018 年底)

乡镇名称	牲畜饲养情况(存栏)				
	牛/头	猪/头	羊/只	兔/只	禽类/只
长竹园乡	222	4 779	1 839	98 682	462
达权店镇	215	4 621	1 778	95 414	447
汪岗镇	171	3 671	1 413	75 808	355
吴河乡	201	4 326	1 665	89 314	418
鲇鱼山街道	292	6 288	2 420	129 833	608
合计	1 101	23 685	9 115	489 051	2 290

3.1.5　水产养殖污染源调查

除畜禽养殖外,鲇鱼山水库及其上游流域也有成规模的水产养殖行业,查找《2019 年信阳市统计年鉴》中关于水产养殖的部分,用各乡(镇、街道)所占的水产养殖面积来拆分商城县 2018 年水产品产量的数据,结合实地调查的结果,可以得到如表 3-3 所示的计算

结果。

表 3-3　鲇鱼山水库上游流域水产养殖统计情况

乡镇名称	水产养殖面积/hm²	占比/%	鱼产量/t	虾蟹产量/t	贝类产量/t
长竹园乡	482	10.85	3 013.80	494.76	4.34
达权店镇	324	7.30	2 027.72	332.88	2.92
汪岗镇	147	3.32	922.20	151.39	1.33
吴河乡	236	5.31	1 474.96	242.14	2.12
鲇鱼山街道	206	4.64	1 288.85	211.58	1.86
合计	1 395	—	8 727.53	1 432.75	12.57

3.2　鲇鱼山水库面源污染量核算

3.2.1　居民生活污染量核算

将各污染物浓度乘以地区生活污水排水量,计算可得该区域人均年污染物排放量,国内外污染物入水系数大都取 0.15~0.25,鉴于该流域气候湿润、多降雨、坡降大、产汇流速度快,根据调查和相同地区的研究成果,入水系数可取 0.18,计算结果如表 3-4 所示。

表 3-4　鲇鱼山水库上游流域生活污染负荷计算结果

污染物	浓度/(mg/L)	输出系数/[kg/(人·a)]	污染负荷/(kg/a)	入水系数	入水负荷/(kg/a)
TN	52.5	1.92	161 413.40	0.18	29 054.41
TP	4.16	0.15	12 790.09	0.18	2 302.216

3.2.2　农业种植污染量核算

鲇鱼山水库流域的种植业主要为农作物和茶果园林,而种植业的面源污染源主要来自这两方面,通过查阅资料,耕地与园林的输出系数如表 3-5 所示,参照已有的计算成果,结合实地调查,种植业面源污染入河系数取 0.2。

表 3-5　鲇鱼山水库流域种植业污染输出系数

污染源	类型	TN/(kg/hm²)	TP/(kg/hm²)
农业种植	耕地	18	0.7
	园林	2.5	0.02

通过计算可知,鲇鱼山水库流域种植业污染负荷计算结果如表 3-6 所示。

表 3-6　鲇鱼山水库流域种植业污染负荷计算结果

土地利用方式	面积/hm²	污染负荷/kg		入水负荷/kg	
		TN	TP	TN	TP
耕地	5 624	101 232	3 936.8	20 246	787.36
园林	26 905	67 262.5	538.1	13 453	107.62
合计	32 529	168 494.5	4 474.9	33 699	894.98

3.2.3　畜禽养殖污染量核算

近些年来,信阳市加大了关于畜禽养殖的管理工作,采取了规模化养殖,根据此次调查,尽管畜禽养殖采取了规模化养殖,但是对废水和粪便等废物的集中处理仍不彻底,因此本书根据实地调查结果,按照集中处理率50%,来进行畜禽养殖污染物的核算。

通过查找《农业技术经济手册》《家畜粪尿排放量和肥分的研究进展》,可得单位畜禽每年排泄粪便中的污染物含量。其中,单只兔子的粪尿年排放量和单只羊的尿液年排放量数据缺失,根据多方查阅,可用同为偶蹄目牛科的牛尿液中的污染物含量按比例进行计算,同理,兔子的尿粪中的污染物含量可用猪的尿粪污染物含量进行补充计算,计算成果如表3-7所示。

表 3-7　《农业技术经济手册》中的畜禽养殖污染物产生量

污染物	牛/ [kg/(头·a)]		猪/ [kg/(头·a)]		羊/ [kg/(只·a)]		禽类/[kg/ (只·a)]	兔/[kg/ (只·a)]	
	粪	尿	粪	尿	粪	尿	粪	粪	尿
排放总量	7 300	3 650	730	1 024.5	949	241	43.8	54.75	18.25
COD	226.3	21.9	20.7	5.91	4.4	1.45	1.165	1.553	0.105
BOD	179.07	14.6	22.7	3.28	2.7	0.96	1.015	1.703	0.058
NH_3-N	12.48	12.67	1.23	0.84	0.57	0.84	0.125	0.092	0.015
TP	8.61	1.46	1.36	0.34	0.45	0.10	0.115	0.102	0.006
TN	31.9	29.2	2.34	2.17	2.28	1.93	0.275	0.176	0.039

结合表3-2和表3-7的数据进行计算,取各类污染物的入水系数均为0.1,可得到鲇鱼山水库上游流域畜禽养殖各类污染物的污染负荷和入水负荷,如表3-8所示。

表 3-8　鲇鱼山水库上游流域畜禽养殖各类污染物负荷计算成果

污染物	牛/(t/a)		猪/(t/a)		羊/(t/a)		禽类/(t/a)	兔/(t/a)		污染负荷/(t/a)	入水负荷/(t/a)
	粪	尿	粪	尿	粪	尿	粪	粪	尿		
COD	248.93	24.09	490	140	40.1	13.2	570	3.556 37	0.240 45	1 530.142	153.014 2
BOD	196.977	16.06	538	77.69	24.6	8.75	496	3.899 87	0.132 82	1 362.154	136.215 4
NH$_3$-N	13.728	13.937	29.1	19.9	5.2	7.66	61.1	0.210 68	0.034 35	150.921 5	15.092 15
TP	9.471	1.606	32.2	8.053	4.1	0.91	56.2	0.233 58	0.013 74	112.842 9	11.284 29
TN	35.09	32.12	55.4	51.4	20.8	17.6	134	0.403 04	0.089 31	347.384 9	34.738 49

3.2.4　水产养殖污染调查与负荷计算

查找《水产养殖业污染源产排污系数手册》可知,河南地区的各种鱼类、蟹类和贝类的总氮、总磷和 COD 产排污系数如表 3-9 所示。

表 3-9　鲇鱼山流域主要鱼虾贝类的产排污系数

污染物	鲫鱼/[g/(kg·a)]		河蟹/[g/(kg·a)]		河蚌/[g/(kg·a)]	
	产污系数	排污系数	产污系数	排污系数	产污系数	排污系数
TN	2.321	1.822	37.879	1.58	91.414	12.264
TP	1.089	0.883	7.278	0.278	7.741	1.055
COD	24.18	19.608	56.715	33.435	60.938	60.938

将鲇鱼山水库上游流域的水产养殖情况与产排污系数相乘,可得该流域水产养殖的污染负荷和入水负荷计算成果,如表 3-10 所示。

表 3-10　鲇鱼山水库上游流域水产养殖污染计算结果

水产养殖类型	产量/t	产污系数/[g/(kg·a)]			污染负荷/(kg/a)		
		TN	TP	COD	TN	TP	COD
鱼类	8 728	2.321	1.089	24.18	20 258	9 505	211 043
虾蟹	1 433	37.88	7.278	56.72	54 281	10 429	81 273
贝类	13	91.41	7.741	60.94	1 188	101	792
合计	10 174				75 727	20 035	293 108

水产养殖类型	产量/t	排污系数/[g/(kg·a)]			入水负荷/(kg/a)		
		TN	TP	COD	TN	TP	COD
鱼类	8 728	1.822	0.883	19.61	15 902	7 707	171 139
虾蟹	1 433	1.58	0.278	33.44	2 264	398	47 912
贝类	13	12.26	1.055	60.94	159	14	792
合计	10 174				18 325	8 119	219 843

3.2.5　鲇鱼山水库面源污染量

根据输出系数模型及入河污染计算公式可以分别计算出城乡生活污染、农业种植污染、畜禽养殖污染和水产养殖污染的污染负荷及入水负荷,鲇鱼山水库的面源污染量汇总如表 3-11 所示。

表 3-11　鲇鱼山水库的面源污染量汇总

类别	污染负荷				入水负荷			
	TN/(t/a)	贡献率/%	TP/(t/a)	贡献率/%	TN/(t/a)	贡献率/%	TP/(t/a)	贡献率/%
城乡生活	161.41	21.44	12.79	8.52	29.05	25.08	2.3	10.18
耕地	101.23	13.44	3.94	2.62	20.25	17.48	0.79	3.50
园地	67.26	8.93	0.54	0.36	13.45	11.61	0.11	0.49
畜禽养殖	347.38	46.13	112.84	75.15	34.74	29.99	11.28	49.91
水产养殖	75.73	10.06	20.04	13.35	18.33	15.83	8.12	35.93
总计	753.01	100	150.15	100	115.82	99.99	22.6	100

3.3　鲇鱼山水库面源污染入河量成果合理性分析

鲇鱼山水库的污染物监测数据来自由河南省信阳水文水资源勘测局提供的 2018 年 1—12 月的鲇鱼山水库水质监测采样数据,该系列采样数据来自鲇鱼山水库流域附近的 4 个采样点,分别是上游灌河达权店镇入库断面(具体位置在达权店镇何畈大桥,坐标北纬 31°36′24″,东经 115°19′56″)、东岸汪岗镇官贩村彭湾组(坐标北纬 31°44′58″,东经 115°24′41″)、西岸吴河乡吴河村吴河组(坐标北纬 31°44′5″,东经 115°16′48″)及鲇鱼山水库水文站(坐标北纬 31°47′32″,东经 115°21′14″),上述 4 个污染物取样点的地理分布如图 3-3 所示。

首先,对水质监测数据进行预处理,将水质监测数据中的 TN 和 TP(mg/L)逐月提取出来,需要特别注意的是,这 4 个采样点的水样本都进行了总磷含量的测量,但是只对鲇鱼山水库水文站的水样本进行了总氮的测量。由这些数据可知,鲇鱼山水库作为一个整体的庞大生态系统,其对水体中氮磷有机物具有一定的净化作用,3 个入库断面的污染物浓度均明显大于出库断面的污染物浓度,为了保证面源污染物计算成果的客观性,对 3 个入库采样点的总磷监测值取平均值,1—12 月的平均浓度为 0.03~0.11 mg/L。

其次,引入 2018 年鲇鱼山水库水文站逐月平均径流量资料。根据淮河地区的多年经验划分汛期和非汛期,即 5—9 月为汛期,10 月至翌年 4 月为非汛期。由于鲇鱼山水文站为水库下游站,受鲇鱼山水库开闸放水影响很大,月最大流量常以不连续、不规则的方式出现,月最小流量通常为 0,即每月至少有一天不开闸放水,除非是在持续供水期间。基于上述特点,应选择月平均流量作为面源污染物核算的水量数据。

另外,由于缺乏入库的总氮数据,所以总氮的核算需要根据以下资料:①月入库径流量;②月出库径流量;③库心总氮浓度;④静水中月 TN 污染物折减系数。首先,需假定在

图 3-3　鲇鱼山水库水质监测采样点分布

供水初期(可以认为是 11 月初)水库水量达到兴利库容,鲇鱼山水库的兴利库容约为 2 亿 m³,结合①和②的资料,根据前推后代的方法即可估算逐月库中水量,再用库中水量乘以③库心总氮浓度即可得到水库中的总氮含量。参考孙远军等发表的《城市河流水体污染物降解规律及降解系数研究》,其中提出的各类水污染物的综合降解系数 k 的表达式为

$$k = \frac{1}{t} \cdot \ln\left(\frac{C_0}{C}\right) \tag{3-1}$$

式中　t——降解时间,d;

　　　C_0——初始污染物浓度,mg/L;

　　　C——经历时长 t 的自然降解后的污染物浓度,mg/L。

一般来说,在静水中 TN 的综合降解系数取 0.002 1~0.034,TP 的综合降解系数取 0.011~0.05,其取值随季节变化而变化。一般月降解日期为 30 d,上述公式可以化为 C_0 与 C 的比值,称之为降解系数,其计算式为

$$\frac{C_0}{C} = e^{\wedge}(30k) \tag{3-2}$$

TN 的降解系数取值为 1.065~2.77,气温高则降解系统活跃,降解系数取值越高;反之,则降解系统不活跃,降解系数取值偏低。使用线性插值的方法可以估算各月的降解系数,每月降解系数除以每月的水库中的总氮含量即可得到经水库生态系统一个月自然降解后的剩余总氮含量。使用前推后代的方法即可推算每个月流入水库的总氮含量,具体计算公式为

$$TN_{本月流入量} = TN_{下月存量} + TN_{本月流出量} - TN_{本月降解后存量} \tag{3-3}$$

由此可以估算出鲇鱼山水库逐月的 TN 流入量,再结合前文提出的汛期流入量,减去非汛期流入量即为 2018 年总氮面源污染物产生量。经过计算,鲇鱼山水库面源污染物核算结果为 TP 负荷为 19.12 t/a,TN 负荷为 276.26 t/a,与前文估算的鲇鱼山水库面源污染物入水量具有较好的一致性,可以认为估算与核算结果相接近,计算结果匹配,该流域内面源污染物入水量评估有效。

3.4　排放系数统计

经过对输出系数和入河系数进行调查,采用汛期分割法对入河负荷进行校正,可以得到鲇鱼山水库不同污染源的排放系数。计算和统计成果如表 3-12 所示。

表 3-12　鲇鱼山水库单位生产生活污染物排放系数

单位生产生活输出系数		输出系数		入河系数	排放系数	
		TN	TP		TN	TP
城乡生活		1.92 kg/(人·a)	0.15 kg/(人·a)	0.18	0.35 kg/(人·a)	0.03 kg/(人·a)
农业种植	耕地	18 kg/(hm²·a)	0.7 kg/(hm²·a)	0.2	3.6 kg/(hm²·a)	0.14 kg/(hm²·a)
	园地	2.5 kg/(hm²·a)	0.02 kg/(hm²·a)	0.2	0.5 kg/(hm²·a)	0.004 kg/(hm²·a)
畜禽养殖	牛粪	31.9 kg/(头·a)	8.61 kg/(头·a)	0.1	3.19 kg/(头·a)	0.861 kg/(头·a)
	牛尿	29.2 kg/(头·a)	1.46 kg/(头·a)	0.1	2.92 kg/(头·a)	0.146 kg/(头·a)
	猪粪	2.34 kg/(头·a)	1.36 kg/(头·a)	0.1	0.234 kg/(头·a)	0.136 kg/(头·a)
	猪尿	2.17 kg/(头·a)	0.34 kg/(头·a)	0.1	0.217 kg/(头·a)	0.034 kg/(头·a)
	羊粪	2.28 kg/(只·a)	0.45 kg/(只·a)	0.1	0.228 kg/(只·a)	0.045 kg/(只·a)
	羊尿	1.93 kg/(只·a)	0.1 kg/(只·a)	0.1	0.193 kg/(只·a)	0.01 kg/(只·a)
	禽粪	0.275 kg/(只·a)	0.115 5 kg/(只·a)	0.1	0.027 5 kg/(只·a)	0.011 55 kg/(只·a)
	兔粪	0.176 kg/(只·a)	0.102 5 kg/(只·a)	0.1	0.017 6 kg/(只·a)	0.010 25 kg/(只·a)
	兔尿	0.039 kg/(只·a)	0.006 5 kg/(只·a)	0.1	0.003 9 kg/(只·a)	0.000 65 kg/(只·a)

续表 3-12

单位生产生活输出系数		输出系数		入河系数	排放系数	
		TN	TP		TN	TP
水产养殖	鱼类	2.321 g/(kg·a)	1.089 g/(kg·a)	—	1.822 g/(kg·a)	0.883 g/(kg·a)
	虾蟹	37.879 g/(kg·a)	7.278 g/(kg·a)	—	1.58 g/(kg·a)	0.278 g/(kg·a)
	贝类	91.414 g/(kg·a)	7.741 g/(kg·a)	—	12.264 g/(kg·a)	1.055 g/(kg·a)

3.5　小　结

　　根据输出系数模型及入河污染计算公式可以分别计算出城乡生活污染、农业种植污染、畜禽养殖污染和水产养殖污染的污染负荷及入水负荷,再根据各自的负荷计算不同污染来源的贡献率,计算成果如图 3-4、图 3-5 所示。

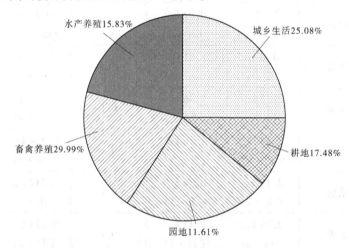

图 3-4　2018 年鲇鱼山水库总氮面源污染入水负荷占比

　　鲇鱼山水库上游流域内 TN、TP 的污染负荷分别为 753.01 t/a、150.15 t/a,流域内污染负载 TN 的负荷量是 TP 负荷量的 5.02 倍。该流域内 TN、TP 的入水负荷分别为 115.82 t/a 和 22.6 t/a,入水负荷 TN 的负荷量是 TP 负荷量的 5.12 倍。从占比来看,畜禽养殖是 TP 污染物的主要来源,TP 的污染负荷和入水负荷的贡献率分别为 75.15% 和 49.91%,城乡生活是 TN 污染的一项重要来源,其污染负荷和入水负荷的贡献率分别为 21.44% 和 25.08%。水产养殖所带来的非点源污染是第二大 TP 污染来源,水产养殖直接排放污染物的性质,使得在 TP 污染负荷的贡献率仅为 13.35% 的情况下,其入水负荷迅速增加到了 35.93%。水产养殖所带来的污染整体上以河边与水库岸边线源污染形式体

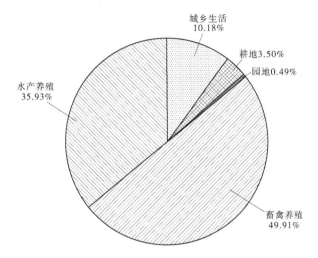

图 3-5　2018 年鲇鱼山水库总磷面源污染入水负荷占比

现,但也有星罗棋布覆盖的鱼塘使得污染以面源形式体现,因为这类污染不受汛期和非汛期影响,这就使面源污染的核算与估算值出现偏差,若去掉水产面源污染,则估算与核算结果具有良好的一致性。虽然畜禽养殖污染物产量大,但得益于当地日益有力的环保措施、养殖场合理选址和养殖排泄物加工利用技术,污染物入水负荷大大降低,入水负荷贡献率仅有污染负荷的1/2左右。

第4章 石山口水库面源污染物入河量调查与核算

4.1　石山口水库面源污染源调查

4.1.1　调查范围的界定

根据地形图、水系图和调查结果,石山口水库的非点源污染主要来自罗山县朱堂乡、灵山镇、青山镇和彭新镇。

4.1.2　居民生活污染源调查

与商城县鲇鱼山水库计算方法类似,罗山县石山口水库同样位于河南南部,南依大别山,落差较大,降水较多。石山口水库流域罗山县内,流域周边地区为乡(镇),区域内居民生活污染主要是农村居民生活污水、生活垃圾所造成的农村生活污染。由于乡村建设较城市来说相对不完善,该流域农村没有污水排水管道,居民所产生的污水直接排放导致这部分污水没有被管道收集,直接通过降水冲刷等方式进入河流。

经过调查,并且与当地统计数据核实,石山口水库上游流域的罗山县朱堂乡、灵山镇、青山镇和彭新镇的常住人口数量分别为 27 441 人、20 131 人、26 848 人、42 915 人,4 个乡(镇)共有常住人口 117 335 人。同样根据流域内村庄类型,基础条件正常,有自来水普及,流域内居民日污水排放量取 100 L/(日·人),生活污水中 COD、SS、NH_3-N、TN 和 TP 等污染物的浓度取 360.45 mg/L、155 mg/L、40 mg/L、52.5 mg/L 和 4.16 mg/L。

4.1.3　农业种植污染源调查

石山口水库流域所经过的地区主要有朱堂乡、青山镇、灵山镇、彭新镇 4 个乡(镇)。根据实地调查和核实,乡(镇)内粮食种植面积以谷物、稻谷、小麦和油菜居多。根据调查结果,朱堂乡有耕地面积 2.4 万亩(折合约 1 600 hm^2),林业面积 11.3 万亩(折合约 7 533 hm^2);灵山镇有耕地面积 22 000 亩(折合约 1 467 hm^2),林业面积 11.3 万亩(折合约 7 533 hm^2);青山镇有耕地面积约 1 400 hm^2,林业面积 2 200 hm^2;彭新镇有耕地面积 2 800 hm^2,林业面积 11 000 hm^2。这 4 个乡(镇)的耕地总面积为 7 267 hm^2,林业总面积为 28 266 hm^2。可见 4 个乡(镇)的种植业主要是耕地和林业。由于作物生长需要更多的营养物质,该流域内化肥、农药的使用严重超标,因此石山口流域的面源污染主要是由化肥和农药引起的。其中,通过调查和统计可知,2018 年这 4 个乡(镇)地区的各类化肥的使用量如图 4-1 所示。

由于缺乏研究地区内农药使用量的资料,石山口流域的农药使用情况通过抽样调查和河南地区农药使用情况来估算。查相关资料可知,河南农药使用量平均为 15.87 kg/hm^2,通过面积比值计算可得到 4 个乡(镇)的总使用量为 300 624.4 kg。

4.1.4　畜禽养殖污染源调查

畜禽养殖污染主要是指动物排泄物收集困难、病死动物无害化处理不彻底以及养殖生产中附设物品等对周边环境影响,包括水源污染、土壤污染和空气污染等。外露的排泄

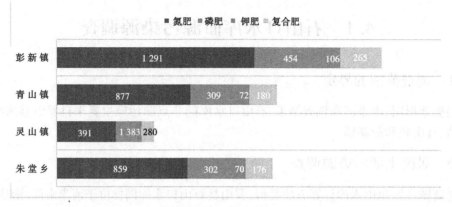

图 4-1 石山口流域内各乡(镇)化肥使用量 (单位:t)

物及附设物品在降雨发生时,随地表径流进入周边河流,造成流域内污染。"养殖污染"一词被更多人关注是由于2013年3月初发生的黄浦江死猪漂浮事件,使生猪养殖、鸡鸭养殖、水产养殖等在环保生态系统中被忽视的中国养殖业污染问题浮出水面。这一事件表明,养殖业造成区域性水质、环境污染的风险在加大,养殖污染很可能成为下一轮环保问题的"引爆点",继水污染、大气污染、固体废弃物污染之后,大量的养殖污染正成为中国环保新挑战。

根据抽样调查和乡村走访可知,石山口水库上游流域各乡(镇)畜禽养殖规模如表4-1所示。

表 4-1 石山口水库上游流域各乡(镇)畜禽养殖规模

乡镇名称	牲畜饲养情况(存栏)				
	牛/头	猪/头	羊/只	禽类/只	兔/只
朱堂乡	348	15 409	1 560	151 716	1 118
灵山镇	304	13 497	1 367	132 895	979
青山镇	376	16 657	1 687	164 006	1 208
彭新镇	582	25 786	2 611	253 883	1 871
合计	1 610	71 349	7 225	702 500	5 176

根据实地调查,结合《2019年信阳市统计年鉴》,罗山县2018年底牛存栏0.88万头,猪存栏39.01万头,羊饲养有3.95万只,家禽存栏384.09万只,兔存栏2.83万只。按照乡(镇)面积折算,4个乡(镇)的调查牲畜平均存栏数与折算的平均存栏数相当,说明调查数据的准确性。

4.1.5 水产养殖污染源调查

根据调查结果,并查找《2019年信阳市统计年鉴》的节水产养殖部分进行核算,用各乡(镇)所占的水产养殖面积来拆分罗山县2018年水产品产量的数据,罗山县水产养殖面积为 5 028 hm², 2018 年共生产水产品 29 795 t, 其中鱼类 25 903 t, 虾蟹类 3 844 t, 贝类 48 t, 可以得到如表 4-2 所示的计算结果。

表 4-2 石山口水库上游流域水产养殖统计情况

乡镇名称	水产养殖面积/hm²	占比/%	鱼产量/t	虾蟹产量/t	贝类产量/t
朱堂乡	248	4.93	1 277	190	2.37
灵山镇	257	5.12	1 326	197	2.46
青山镇	262	5.22	1 352	201	2.51
彭新镇	476	9.47	2 453	364	4.55
合计	1 243	24.74	6 408	952	11.89

4.2 石山口水库面源污染量核算

4.2.1 居民生活污染量核算

与鲇鱼山水库流域相比, 该流域地形较缓, 则各类污染物入水系数取 0.18。通过计算水库上游流域生活污染负荷, 得到如表 4-3 所示的结果。

表 4-3 石山口水库上游流域生活污染负荷计算结果

污染物	浓度/(mg/L)	输出系数/[kg/(人·a)]	污染负荷/(kg/a)	入水系数	入水负荷/(kg/a)
COD	360.45	13.16	1 543 709.13	0.18	277 867.6
SS	155	5.66	663 822.76	0.18	119 488.1
NH_3-N	40	1.46	171 309.10	0.18	30 835.64
TN	52.5	1.92	224 843.19	0.18	40 471.77
TP	4.16	0.15	17 816.15	0.18	3 206.906

4.2.2 农业种植污染量核算

此外, 通过查阅资料可知, 石山口流域的耕地和园林的输出系数如表 4-4 所示。

表 4-4　种植业污染输出系数

污染源	类型	TN/(kg/hm²)	TP/(kg/hm²)
农业种植	耕地	18	0.7
	园林	2.5	0.02

参照已有的面源污染计算成果,确定面源污染入河系数为 0.1。由此计算石山口水库流域的种植业污染负荷,结果如表 4-5 所示。由表 4-5 可知,耕地方式下 TN 的污染负荷为 130 806 kg、TP 的污染负荷为 5 086.9 kg、TN 的入水负荷为 13 080.6 kg、TP 的入水负荷为 508.69 kg。相较耕地而言,园林种植污染负荷较低,其中 TN 的污染负荷为70 665 kg、TP 的污染负荷仅为 565.32 kg;园林种植业产生的入水负荷量极低,其中 TN 的入水负荷为 7 066.5 kg、TP 的入水负荷为 56.532 kg。

表 4-5　种植业污染负荷计算结果

土地利用方式	面积/hm²	污染负荷/kg		入水负荷/kg	
		TN	TP	TN	TP
耕地	7 267	130 806	5 086.9	13 080.6	508.69
园林	28 266	70 665	565.32	7 066.5	56.532
合计	35 533	201 471	5 652.22	20 147.1	565.222

4.2.3　畜禽养殖污染量核算

结合《农业技术经济手册》中的畜禽养殖污染物产生量进行计算,另取各类污染物的入水系数均为 10%,可得到石山口水库上游流域畜禽养殖各类污染物的污染负荷和入水负荷,如表 4-6 所示。不同种类畜禽养殖产生的总氮、总磷的负荷有所差异,其中兔子养殖过程中粪、尿产生的污染物最小,每年粪便造成的 TN 负荷量为 0.91 t,造成的 TP 负荷量为 0.53 t,尿液造成的 TN 负荷量为 0.20 t,造成的 TP 负荷量为 0.03 t。猪及禽类产生的粪便和尿液造成的污染物负荷较高,猪每年粪便造成的 TN 负荷量为 167 t,造成的 TP 负荷量为 97 t,尿液造成的 TN 负荷量为 155 t,造成的 TP 负荷量为 24 t;禽类每年粪便造成的 TN 负荷量为 193 t,造成的 TP 负荷量为 81 t。石山口水库流域各畜禽养殖 TN、TP 负荷占比如图 4-2 所示。

表 4-6　石山口水库上游流域畜禽养殖各类污染物负荷计算成果

污染物	牛/(t/a)		猪/(t/a)		羊/(t/a)		禽类/(t/a)	兔/(t/a)		污染负荷/(t/a)	入水负荷/(t/a)
	粪	尿	粪	尿	粪	尿	粪	粪	尿		
COD	364	35	1 477	422	32	10.48	818	8.04	0.54	3 167.46	316.746
BOD	288	24	1 620	234	20	6.94	713	8.81	0.30	2 914.05	291.405
NH_3-N	20	20	88	60	4	6.07	88	0.48	0.08	286.74	28.674
TP	14	2	97	24	3	0.72	81	0.53	0.03	222.83	22.283
TN	51	47	167	155	16	13.94	193	0.91	0.20	644.87	64.487

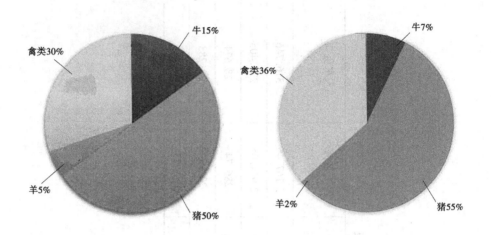

(a)TN产生量占比　　　　　　　　　　(b)TP产生量占比

注:兔 TN、TP 产业量占比均为 0。

图 4-2　石山口水库流域各畜禽养殖 TN、TP 负荷占比

4.2.4　水产养殖污染调查与负荷计算

将石山口水库上游流域的水产养殖情况与产排污系数相乘,可得该流域水产养殖的污染负荷和入水负荷计算结果,如表 4-7 和表 4-8 所示。

表 4-7　石山口水库上游流域水产养殖污染计算结果

水产养殖类型	产量/t	产污系数/[g/(kg·a)]			污染负荷/(kg/a)		
		TN	TP	COD	TN	TP	COD
鱼类	6 408	2. 321	1. 089	24. 18	14 873	6 978	154 945
虾蟹	951	37. 879	7. 278	56. 715	36 023	6 921	53 936
贝类	12	91. 414	7. 741	60. 938	1 097	93	731
合计	7 371				51 993	13 992	209 612

表 4-8　石山口上游流域水产养殖入河污染负荷

水产养殖类型	产量/t	排污系数/[g/(kg·a)]			入水负荷/(kg/a)		
		TN	TP	COD	TN	TP	COD
鱼类	6 408	1. 822	0. 883	19. 608	11 675	5 658	125 648
虾蟹	951	1. 58	0. 278	33. 435	1 503	264	31 797
贝类	12	12. 264	1. 055	60. 938	147	13	731
合计	7 371				13 325	5 935	158 176

4.2.5　石山口水库面源污染量核算汇总

根据输出系数模型及入河污染计算公式可以分别计算出城乡生活污染、农业种植污染、畜禽养殖污染和水产养殖污染的污染负荷及入水负荷,石山口水库的面源污染量汇总见表 4-9。

表 4-9　石山口水库上游流域面源污染计算结果

类别	污染负荷				入水负荷			
	TN/(t/a)	贡献率/%	TP/(t/a)	贡献率/%	TN/(t/a)	贡献率/%	TP/(t/a)	贡献率/%
城乡生活	224.84	20.02	17.82	6.85	40.47	29.23	3.21	10.03
耕地	130.81	11.65	5.09	1.96	13.08	9.45	0.51	1.59
园地	70.67	6.29	0.57	0.22	7.07	5.11	0.06	0.19
畜禽养殖	644.87	57.41	222.83	85.61	64.487	46.58	22.283	69.63
水产养殖	51.99	4.63	13.99	5.37	13.33	9.63	5.94	18.56
总计	1 123.18	100	260.3	100	138.437	100	32.003	100

4.3　石山口水库面源污染入河量成果合理性分析

石山口水库的污染物监测数据来自由河南省信阳水文水资源勘测局提供的 2019 年 1—12 月的石山口水库水质监测采样数据,该系列采样数据来自石山口水库流域附近的 3 个采样点,分别是上游洗脂河入库断面(坐标北纬 31°58′26″,东经 114°58′26″)、涩港大桥入库断面(坐标北纬 31°59′2″,东经 114°14′56″)和石山口水库库心(坐标北纬 32°1′29″,东经 114°23′27″),上述 3 个取样点的地理分布如图 4-3 所示。

图 4-3　石山口水库水质监测采样点分布

石山口水库的 TN 与 TP 核算方法与鲇鱼山水库核算方法相同,采用汛期分割法核算的 TN 和 TP 负荷分别为 98.29 t/a 和 30.27 t/a,与通过输入系数法计算结果一致。

4.4　排放系数统计

经过对输出系数和入河系数进行调查,采用汛期分割法对入河负荷进行校正,可以得到石山口水库不同污染源的排放系数,计算和统计成果如表 4-10 所示。

表 4-10　石山口水库单位生产生活污染物排放系数

单位生产生活排放系数		输出系数		入河系数	排放系数	
		TN	TP		TN	TP
城乡生活		1.92 kg/(人·a)	0.15 kg/(人·a)	0.18	0.35 kg/(人·a)	0.03 kg/(人·a)
农业种植	耕地	18 kg/(hm²·a)	0.7 kg/(hm²·a)	0.1	1.8 kg/(hm²·a)	0.07 kg/(hm²·a)
	园地	2.5 kg/(hm²·a)	0.02 kg/(hm²·a)	0.1	0.25 kg/(hm²·a)	0.002 kg/(hm²·a)
畜禽养殖	牛粪	31.9 kg/(头·a)	8.61 kg/(头·a)	0.1	3.19 kg/(头·a)	0.861 kg/(头·a)
	牛尿	29.2 kg/(头·a)	1.46 kg/(头·a)	0.1	2.92 kg/(头·a)	0.146 kg/(头·a)
	猪粪	2.34 kg/(头·a)	1.36 kg/(头·a)	0.1	0.234 kg/(头·a)	0.136 kg/(头·a)
	猪尿	2.17 kg/(头·a)	0.34 kg/(头·a)	0.1	0.217 kg/(头·a)	0.034 kg/(头·a)
	羊粪	2.28 kg/(只·a)	0.45 kg/(只·a)	0.1	0.228 kg/(只·a)	0.045 kg/(只·a)
畜禽养殖	羊尿	1.93 kg/(只·a)	0.1 kg/(只·a)	0.1	0.193 kg/(只·a)	0.01 kg/(只·a)
	禽粪	0.275 kg/(只·a)	0.115 5 kg/(只·a)	0.1	0.027 5 kg/(只·a)	0.011 55 kg/(只·a)
	兔粪	0.176 kg/(只·a)	0.102 5 kg/(只·a)	0.1	0.017 6 kg/(只·a)	0.010 25 kg/(只·a)
	兔尿	0.039 kg/(只·a)	0.006 5 kg/(只·a)	0.1	0.003 9 kg/(只·a)	0.000 65 kg/(只·a)

续表 4-10

单位生产生活排放系数		输出系数		入河系数	排放系数	
		TN	TP		TN	TP
水产养殖	鱼类	2.321 g/(kg·a)	1.089 g/(kg·a)	—	1.822 g/(kg·a)	0.883 g/(kg·a)
	虾蟹	37.879 g/(kg·a)	7.278 g/(kg·a)	—	1.58 g/(kg·a)	0.278 g/(kg·a)
	贝类	91.414 g/(kg·a)	7.741g g/(kg·a)	—	12.264 g/(kg·a)	1.055 g/(kg·a)

4.5　小　结

根据输出系数模型及入河污染计算公式可以分别计算出城乡生活污染、农业种植污染、畜禽养殖污染和水产养殖污染的污染负荷及入水负荷,再根据各自的负荷计算不同污染来源的贡献率,计算成果如图 4-4、图 4-5 所示。

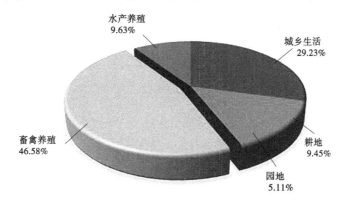

图 4-4　TN 污染物入水负荷贡献率分配

石山口水库上游流域内 TN、TP 的污染负荷分别为 1 123.18 t/a、260.3 t/a,流域内 TN 的污染负荷量是 TP 的污染负荷量的 4.31 倍。该流域内 TN、TP 的入水负荷分别为 138.437 t/a 和 32.003 t/a,入水负荷 TN 的负荷量是 TP 的负荷量的 4.33 倍。从占比来看,畜禽养殖是 TN 和 TP 污染物的重要来源,TN 的污染负荷和入水负荷的贡献率分别为 57.41% 和 46.58%,TP 的污染负荷和入水负荷的贡献率分别为 85.61% 和 69.63%。

城乡居民生活污染中 TN 的贡献率第二大,污染负荷值分别为 224.84 t/a,贡献率为 20.02%。需要特别注意的是,城乡居民生活的污染负荷贡献率并不高,但是其入水负荷却占比明显提高,TN 和 TP 的入水负荷分别为 40.47 t/a 和 3.21 t/a,贡献率分别从 20.02% 上升到了 29.23%、从 6.85% 上升到了 10.03%,说明石山口水库上游流域的居民生活污水亟待收集后进行预处理,尽可能降低污染物的入水负荷。

水产养殖的入水负荷也大幅度上升,主要原因是水产养殖的污染物会直接从养殖区

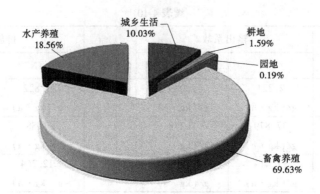

图 4-5　TP 污染物入水负荷贡献率分配

域未经处理进入流域范围,尽管养殖水域的池塘生态系统有一定的自我净化功能,但就研究数据来看还是远远不够的,应该增强水产养殖的污水过滤排放技术的发展力度。畜禽养殖污染物产量大,入水负荷也大,需要推广集中处理和粪尿加工二次利用技术。

观察面源污染物的估算结果与校核计算结果,TP 的结果对比表现出良好的一致性,而 TN 的计算结果与校核结果出现较大的误差,主要是因为在校核过程中缺乏水库各入库断面的详细 TN 监测数据,仅有水库库心的 TN 监测数据,使得校核结果偏差较大,但仍可以认为具有一定的代表性。

第 5 章　泼河水库面源污染物入河量调查与核算

5.1　泼河水库面源污染源调查

5.1.1　调查范围的界定

根据流域边界、汇水区和地形等,结合实地调查,泼河水库面源污染主要有新县周河乡、八里畈镇和泼陂河镇 3 个乡(镇),污染源类型包括乡村居民生物污染、农业种植污染、畜禽养殖污染和水产养殖污染,因为调查范围内都是乡村,不存在城市地表径流的初期雨水污染。

5.1.2　农村生活污染源调查

与上述两个流域相似,调查范围的乡村没有实现污水集中收集和污染物集中处理,因此农村生活污染源与上述两个流域相似,调查内容也相同,主要调查农村人口、污水排放量和污水的污染物浓度。经过调查,泼河水库上游流域的新县周河乡、八里畈镇和泼陂河镇 3 个乡(镇)共有常住人口 81 790 人,居民日污水排放量取 100 L/(日·人),生活污水中 COD、SS、NH_3-N、TN 和 TP 等污染物的浓度分别为 360.45 mg/L、145 mg/L、40 mg/L、52.5 mg/L 和 4.16 mg/L。

5.1.3　种植业污染源调查

农业种植产生的污染主要为农药、化肥所带来的污染,泼河水库流域所处地区农村地区居多,而种植业主要是耕地和园林,且泼河水库上游流域存在不合理地使用农药、化肥现象,这将会对下游水源、水库的水质造成影响,因此耕地和林场是泼河流域产生面源污染的主要源头。泼河流域所经过的地区主要是周河乡、八里畈镇、泼陂河镇 3 个乡(镇)。其中,周河乡有耕地 9 454 亩(折合约 630.3 hm^2),林场 14.3 万亩(折合约 9 533.3 hm^2);八里畈镇有耕地 16 400 亩(折合约 1 093.3 hm^2),林场 9 万亩(折合约 6 000 hm^2);由光山县农业农村局提供的资料可知,泼陂河镇有耕地 102 200 亩(折合约 6 813 hm^2),林场约 10 万亩(折合约 6 666.7 hm^2)。因此,泼河水库及其上游流域共有耕地面积 8 536.6 hm^2,园林面积为 22 200 hm^2。根据年鉴统计资料可知,泼河水库流域的化肥使用量大约为 4 569.4 t。

农药是具有防治病虫害及调节植物生长功能的化学试剂,是保障农作物产量的重要生产资料。农药的主要成分为有机氯、有机磷、有机氮、酰胺类化合物、醚类化合物、酚类化合物、有机金属化合物类等。农药喷洒在农作物上,一部分农药被植物吸收,一部分残留在农作物或者杂草的秆、茎、叶、花和果实上,一部分农药喷洒时落在土壤上,或者散逸、蒸发进入空气中。在发生降水时,这些农药经过雨水冲刷随地表径流进入水体,造成水体污染,使水中污染物浓度增高。除农药施用外,农民会将农药包装直接丢弃,残留包装内的农药会随着降雨后的地表径流进入水体。由于本地缺乏农药使用统计资料,因此通过《中国年鉴》确定河南省农药使用数量,其中河南省的农药使用量平均为 15.87 kg/hm^2,据此估算的泼河水库流域农药使用量为 145 124.4 kg。

5.1.4 畜禽养殖污染源调查

根据调查统计和《2019 年信阳市统计年鉴》，泼河水库上游流域各乡（镇）畜禽养殖规模如表 5-1 所示。

表 5-1　泼河水库上游流域各乡（镇）畜禽养殖规模

乡（镇）名称	牲畜饲养情况（存栏）				
	牛/头	猪/头	羊/只	禽类/只	兔/只
周河乡	489	1 861	1 575	44 819	406
八里畈镇	950	3 618	3 063	87 135	789
泼陂河镇	689	8 983	2 509	226 940	0
合计	2 128	14 462	7 147	358 894	1 195

5.1.5 水产养殖污染源调查

水产养殖过程中主要会产生悬浮物、总氮、总磷、高锰酸盐、硫化物、非离子氨、铜、锌、活性氯等污染物。有研究认为杂食性鱼类的消化率一般为 80%，植食性和腐食性鱼类的消化率一般低于 80%，肉食性鱼类的消化率通常高于 90%，未被食用的饲料（残饵）连同动物的粪便一起累积在养殖系统中。虾摄食的饲料中 85% 的 N（氮）被虾同化，15% 通过粪便排放，但粪便中只有 5% 的 N 以氨态氮形式直接排放，其他的有 8% 为可溶性初级胺，26% 为尿素，61% 为其他可溶性有机氮。以上残留饵料及粪便可被水中微生物等分解利用，最终转化成的无机物被水生植物等通过光合作用固定，而再有过多残余，在没有人为清除的情况下，则累积形成污染。除此之外，水产养殖密度过大。养殖的生物过多，水中的氧也就变少，而投入的饲料相应变多，这样将导致水中氧缺乏，那么高锰酸盐、生化需氧量、硫化物、非离子氨会增多。为了保证养殖生物的健康，养殖中会用到一些抗生素药物，也会造成水体污染。

经调查，泼河水库上游流域存在水产养殖污染情况，根据《2019 年信阳市统计年鉴》中的水产养殖部分资料，利用各乡（镇）所占的水产养殖面积来拆分新县和光山县 2018年水产品产量的数据，可以得到如表 5-2 所示的计算结果。

表 5-2　泼河水库上游流域水产养殖统计情况

乡镇名称	水产养殖面积/hm²	占比/%	鱼产量/t	虾蟹产量/t	贝类产量/t
周河乡	69	7.14	313.7	21.7	0.1
八里畈镇	55	5.73	251.8	17.4	0.1
泼陂河镇	395	7.74	1 899.3	225.8	1.5
合计	519	20.61	2 464.8	264.9	1.7

5.2 泼河水库面源污染量核算

5.2.1 农村生活污染量核算

与鲇鱼山水库流域相比,该流域地形较缓,但是人口更加分散,因此各类污染物入水系数取 0.18。计算后的农村生活污染负荷及入水负荷如表 5-3 所示。

表 5-3 泼河水库上游流域农村生活污染负荷及入水负荷计算结果

污染物	浓度/ (mg/L)	输出系数/ [kg/(人·a)]	污染负荷/ (kg/a)	入水系数	入水负荷/ (kg/a)
COD	360.45	13.16	1 076 356	0.18	193 744.2
SS	155	5.66	462 931.4	0.18	83 327.65
NH_3-N	40	1.46	119 413.4	0.18	21 494.41
TN	52.5	1.92	157 036.8	0.18	28 266.62
TP	4.16	0.15	12 268.5	0.18	2 208.33

5.2.2 农业种植污染量核算

根据输出系数模型计算种植业面源污染时,需要划分土地的利用方式,通常将土地利用方式划分为耕地用地、林地用地、园地用地、草地用地,泼河水库上游流域内主要的土地利用方式为耕地用地、园林用地,草地用地几乎没有。因此,计算时只考虑耕地用地、园林用地,草地用地忽略不计。泼河水库上游流域种植污染计算时,输出系数参照相关地区已有研究成果取值,具体数值如表 5-4 所示,参照已有的计算成果,种植业面源污染入河系数为 0.1,计算后的种植污染负荷及入水负荷如表 5-5 所示。

表 5-4 种植业污染输出系数

污染源	类型	$TN/(kg/hm^2)$	$TP/(kg/hm^2)$
农业种植	耕地	18	0.7
	园林	2.5	0.02

表 5-5 种植业污染负荷及入水负荷计算结果

土地利用方式	面积/hm²	污染负荷/kg		入水负荷/kg	
		TN	TP	TN	TP
耕地	8 536.6	15 365.88	5 975.62	1 536.588	597.562
园林	22 200	55 500	444	5 550	44.4
合计	30 736.6	70 865.88	6 419.62	7 086.588	641.962

5.2.3 畜禽养殖污染调查与负荷计算

根据《农业技术经济手册》中的畜禽养殖污染物产生量进行计算,结合实地调查,该区域的规模化养殖处理效果较好,各类污染物的入水系数均为 7%,可得到浉河水库上游流域畜禽养殖各类污染物的污染负荷和入水负荷,如表 5-6 所示。

表 5-6 浉河水库上游流域畜禽养殖各类污染物污染负荷及入水负荷计算成果

污染物	牛/(t/a)		猪/(t/a)		羊/(t/a)		禽类/(t/a)	兔/(t/a)		污染负荷/(t/a)	入水负荷/(t/a)
	粪	尿	粪	尿	粪	尿	粪	粪	尿		
COD	482	47	299	85	31	10.36	418	1.86	0.13	1 374.91	96.24
BOD	381	31	328	47	19	6.86	364	2.04	0.07	1 180.39	82.63
NH_3-N	27	27	18	12	4	6.00	45	0.11	0.02	138.52	9.70
TP	18	3	20	5	3	0.71	41	0.12	0.01	91.35	6.39
TN	68	62	34	31	16	13.79	99	0.21	0.05	324.29	22.70

5.2.4 水产养殖污染调查与负荷计算

将浉河水库上游流域的水产养殖情况与产排污系数相乘,可得该流域水产养殖的污染负荷和入水负荷计算结果,如表 5-7 所示。

表 5-7 浉河水库上游流域水产养殖污染计算结果

水产养殖类型	产量/t	产污系数/[g/(kg·a)]			污染负荷/(kg/a)		
		TN	TP	COD	TN	TP	COD
鱼类	2 464.8	2.321	1.089	24.18	5 721	2 684	59 599
虾蟹	264.9	37.879	7.278	56.715	10 034	1 928	15 024
贝类	1.7	91.414	7.741	60.938	155	13	104
合计	2 731.4				15 910	4 625	74 727

水产养殖类型	产量/t	排污系数/[g/(kg·a)]			入水负荷/(kg/a)		
		TN	TP	COD	TN	TP	COD
鱼类	2 464.8	1.822	0.883	19.608	4 491	2 176	48 330
虾蟹	264.9	1.58	0.278	33.435	419	74	8 857
贝类	1.7	12.264	1.055	60.938	21	2	104
合计	2 731.4				4 931	2 252	57 291

5.2.5　泼河水库面源污染量核算结果汇总

根据以上计算结果,泼河水库面源污染的入河量汇总如表 5-8 所示。

表 5-8　泼河水库上游流域面源污染汇总

项目	污染负荷				入水负荷			
	TN/(t/a)	贡献率/%	TP/(t/a)	贡献率/%	TN/(t/a)	贡献率/%	TP/(t/a)	贡献率/%
城乡生活	157.04	13.33	12.27	10.70	28.27	44.88	2.21	19.22
耕地	15.37	1.31	5.98	5.21	1.54	2.44	0.6	5.21
园地	55.5	4.71	0.44	0.38	5.55	8.81	0.05	0.43
畜禽养殖	934.29	79.30	91.35	79.66	22.7	36.04	6.39	55.57
水产养殖	15.91	1.35	4.63	4.04	4.93	7.83	2.25	19.57
总计	1 178.11	100.00	114.67	99.99	62.99	100.00	11.5	100.00

5.3　泼河面源污染入河量结果合理性分析

泼河水库的污染物监测数据来自由河南省信阳水文水资源勘测局提供的 2018 年 1—12 月的石山口水库水质监测采样数据,该系列采样数据来自泼河水库流域附近的 2 个采样点,分别是上游八里畈村付畈组卢付大桥入库断面(坐标北纬 31°44′47″,东经 114°58′26″)和泼河水库水文站(坐标北纬 31°47′8″,东经 114°55′9″),上述 2 个污染物取样点的地理分布如图 5-1 所示,其所对应的 2018 年水质监测数据如表 5-9 所示。

图 5-1　泼河水库水质监测采样点分布

石山口水库的 TN 与 TP 核算方法与鲇鱼山水库核算方法相同,石山口水库的控制流域面积约为 222 km²,假定其兴利库容为 1.5 亿 m³,TP 和 TN 负荷计算成果分别如下所示。

表 5-9　2018 年浉河水库水质监测采样数据

月份	总磷(TP)/(mg/L)		月份	总氮(TN)/(mg/L)
	采样点			采样点
	八里畈村付畈组卢付大桥入库断面	浉河水库水文站		浉河水库水文站
1	0.06	0.18	1	1.07
2	0.07	0.02	2	0.676
3	0.13	0.05	3	1.1
4	0.09	0.07	4	1.33
5	<0.01	0.01	5	0.904
6	0.07	0.02	6	1.94
7	0.14	0.02	7	0.655
8	0.03	0.06	8	1.55
9	0.02	0.02	9	0.896
10	0.03	0.02	10	0.62
11	0.08	0.03	11	1.02
12	<0.01	<0.01	12	0.700

根据汛期分割法,面源污染物年负荷 = 汛期污染物负荷 - 非汛期污染物负荷,计算可知,TN 年负荷为 60.07 t/a,TP 年负荷为 14.23 t/a,与上述输出系数法计算结果一致,说明核算结果具有合理性。

5.4　排放系数统计

经过对输出系数和入河系数进行调查,采用汛期分割法对入河负荷进行校正,可以得到浉河水库不同污染源的排放系数,计算和统计成果如表 5-10 所示。

表 5-10　泼河水库单位生产生活污染物排放系数

单位生产生活排放系数		输出系数		入河系数	排放系数	
		TN	TP		TN	TP
城乡生活		1.92 kg/(人·a)	0.15 kg/(人·a)	0.18	0.35 kg/(人·a)	0.03 kg/(人·a)
农业种植	耕地	18 kg/(hm²·a)	0.7 kg/(hm²·a)	0.1	1.8 kg/(hm²·a)	0.07 kg/(hm²·a)
	园地	2.5 kg/(hm²·a)	0.02 kg/(hm²·a)	0.1	0.25 kg/(hm²·a)	0.002 kg/(hm²·a)
畜禽养殖	牛粪	31.9 kg/(头·a)	8.61 kg/(头·a)	0.07	2.233 kg/(头·a)	0.602 7 kg/(头·a)
	牛尿	29.2 kg/(头·a)	1.46 kg/(头·a)	0.07	2.044 kg/(头·a)	0.102 2 kg/(头·a)
	猪粪	2.34 kg/(头·a)	1.36kg kg/(头·a)	0.07	0.163 8 kg/(头·a)	0.095 2 kg/(头·a)
	猪尿	2.17 kg/(头·a)	0.34 kg/(头·a)	0.07	0.151 9 kg/(头·a)	0.023 8 kg/(头·a)
	羊粪	2.28 kg/(只·a)	0.45 kg/(只·a)	0.07	0.159 6 kg/(只·a)	0.031 5 kg/(只·a)
	羊尿	1.93 kg/(只·a)	0.1 kg/(只·a)	0.07	0.135 1 kg/(只·a)	0.007 kg/(只·a)
	禽粪	0.275 kg/(只·a)	0.115 5 kg/(只·a)	0.07	0.019 25 kg/(只·a)	0.008 085 kg/(只·a)
	兔粪	0.176 kg/(只·a)	0.102 5 kg/(只·a)	0.07	0.012 32 kg/(只·a)	0.007 175 kg/(只·a)
	兔尿	0.039 kg/(只·a)	0.006 5 kg/(只·a)	0.07	0.002 73 kg/(只·a)	0.000 455 kg/(只·a)
水产养殖	鱼类	2.321 g/(kg·a)	1.089 g/(kg·a)	—	1.822 g/(kg·a)	0.883 g/(kg·a)
	虾蟹	37.879 g/(kg·a)	7.278 g/(kg·a)	—	1.58 g/(kg·a)	0.278 g/(kg·a)
	贝类	91.414 g/(kg·a)	7.741 g/(kg·a)	—	12.264 g/(kg·a)	1.055 g/(kg·a)

5.5　小　结

根据输出系数模型及入河污染计算公式可以分别计算出城乡生活污染、农业种植污染、畜禽养殖污染和水产养殖污染的污染负荷及入水负荷,再根据各自的负荷计算不同污染来源的贡献率,计算成果如图5-2、图5-3所示。

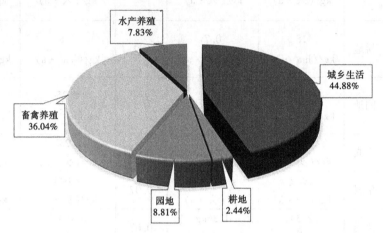

图5-2　各计算部分在TN入水负荷中的贡献率

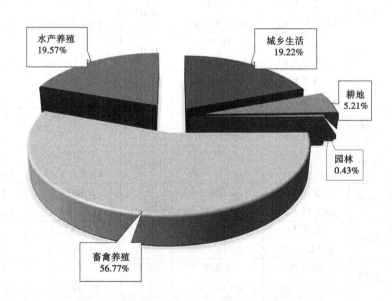

图5-3　各计算部分在TP入水负荷中的贡献率

泼河水库上游流域内TN、TP的污染负荷分别为1 178.11 t/a、114.67 t/a,流域内污染负荷TN的负荷量是TP负荷量的10.3倍。该流域内TN、TP的入水负荷分别为62.99 t/a和11.5 t/a,入水负荷TN的负荷量是TP负荷量的5.5倍。从占比来看,畜禽养殖是TP污染物的重要来源,TP的污染负荷和入水负荷的贡献率分别为79.66%和55.57%。

城乡居民生活是 TN 污染物的重要来源,TN 的污染负荷和入水负荷的贡献率分别为 13.33% 和 44.88%,TP 的污染负荷和入水负荷的贡献率分别为 10.70% 和 19.22%。即便如此,由于当地农村生活污水的还未集中处理和污水预处理技术未完全推广和普及,TN 和 TP 的入水负荷相对高一些,仅为 28.27 t/a 和 2.21 t/a,占各自污染物入水负荷的比值明显上升。需要特别注意的是,水产养殖行业的污染负荷贡献率并不高,但是其入水负荷却相当大,TN 和 TP 的入水负荷分别为 4.93 t/a 和 2.25 t/a,贡献率分别为 7.83% 和 19.57%,主要原因是水产养殖的污染物会直接从养殖区域未经处理进入流域范围,尽管养殖水域的池塘生态系统有一定的自我净化功能,但就研究数据来看,还是远远不够的,应该增强水产养殖的污水过滤排放技术的发展力度。最后畜禽养殖污染物产量大,入水负荷也大,需要推广集中处理和粪尿加工二次利用的技术。

根据面源污染调查及负荷计算可知该流域因农村生活、畜禽养殖、农业种植造成氮、磷污染较大。根据输出系数模型及入河量计算公式可知,泼河水库上游流域内 TN、TP 的污染负荷分别为 1 178.11 t/a、114.67 t/a,TN、TP 的入水负荷分别为 62.99 t/a、11.5 t/a。

第 6 章　息县面源污染物入河量调查与核算

6.1　息县面源污染源调查

6.1.1　调查范围的界定

与鲇鱼山水库、泼河水库和石山口水库的计算方法不同,息县的面源污染调查与负荷计算是以行政区域进行计算和划分的,因此本次调查的范围就是息县全境。息县位于河南南部,但处于平原地区,周边没有山地起伏,降水较多。其面源污染主要有农村生活污水、城镇生活污染、种植业污染、畜禽养殖污染、水产养殖污染。息县县城建设有雨水管网,因此本调查不涉及城市地表径流。

6.1.2　居民生活污染源调查

根据调查统计,息县共有户籍人口 105.63 万人,常住人口 74.94 万人,其中城镇人口 30.09 万人,农村人口 44.85 万人,城镇居民日污水排放量取 159 L/(人·日),农村居民日污水排放量取 100 L/(人·日)。生活污水中 COD、SS、NH_3-N、TN 和 TP 等污染物的浓度取 360.45 mg/L、155 mg/L、40 mg/L、52.5 mg/L 和 4.16 mg/L。生活污水排放量如表 6-1 所示。

表 6-1　息县流域城乡生活污水排放量

城乡	人口/万人	人均日排污量/[L/(人·日)]	年产污水/(万 L/a)
城镇	30.09	159	1 746 273
农村	44.85	100	1 309 620
合计	74.94		3 055 893

6.1.3　农业种植业污染源调查

息县的种植业主要以农作物耕地为主,但是由于园林生产过程中的污染量很大,因此不可忽略。种植业在生产过程中产生的面源污染主要是由化肥和农药过量使用造成的。根据调查结果,息县的耕地为 164 710 hm^2,由果园和茶园所组成的园林的总面积为 1 305 hm^2。根据《中国年鉴》,息县化肥 2018 年全年使用量为 62 620 t。由于息县地区缺少具体农药使用数据,则根据《中国年鉴》河南省农药使用情况计算本地区的农药使用情况。根据《中国年鉴》可知,河南农药使用量平均为 15.87 kg/hm^2,因此本地区使用农药总量大约为 2 036.9 t。

6.1.4　畜禽养殖污染源调查

根据调查,息县流域各乡(镇)畜禽养殖规模较大,存栏量有牛约 31 100 头,猪 35 400 头,羊 66 000 只,禽类 3 876 500 只。其中,禽类养殖基本实现规模化,对于粪便的处理,虽然做到了收集处理,但是处理率较低,根据调查结果,处理率大概在 50%。

6.1.5 水产养殖污染源调查

根据抽取采样,实地调查和查找《2019 年信阳市统计年鉴》中的水产养殖部分可知,息县水产养殖面积为 3 778 hm², 2018 年共生产鱼类 16 755 t, 虾蟹类 1 164 t, 贝类 24 t。

6.2 息县面源污染量核算

6.2.1 居民生活污染量核算

与鲇鱼山水库等山区流域相比,该流域地形较缓,但由于处于淮河干流上,青龙河等大小河流常汇入其中,因此农村污水各类污染物入水系数取 0.17。鉴于城镇生活污水处理设施较为完善,居民生活污水经过收集和处理才排入水系,因此入水系数可调整至 0.05 左右。息县流域生活污染负荷计算结果如表 6-2 所示。

表 6-2　息县流域生活污染负荷计算结果

	污染物	浓度/ (mg/L)	输出系数/ [kg/(人·a)]	污染负荷/(t/a)	入水系数	入水负荷/ (t/a)
城镇生活 污水	COD	360.45	20.92	6 294.44	0.05	314.72
	SS	455	26.41	7 945.54	0.05	397.28
	NH₃-N	40	2.32	698.51	0.05	34.93
	TN	52.5	3.05	916.79	0.05	45.84
	TP	4.16	0.24	72.64	0.05	3.63
	污染物	浓度/ (mg/L)	输出系数/ [kg/(人·a)]	污染负荷/(t/a)	入水系数	入水负荷/ (t/a)
农村生活 污水	COD	360.45	13.16	5 900.66	0.17	1 003.11
	SS	455	16.61	7 448.46	0.17	1 266.24
	NH3-N	40	1.46	654.81	0.17	111.32
	TN	52.5	1.92	859.44	0.17	146.10
	TP	4.16	0.15	68.10	0.17	11.58

6.2.2 农业种植污染量核算

通过查阅资料可知,种植业污染输出系数如表 6-3 所示;根据已有的研究结果,息县的入河系数为 0.05。种植业面源污染负荷计算结果如表 6-4 所示。

表 6-3　种植业污染输出系数

污染物	类型	TN/(kg/hm²)	TP/(kg/hm²)
农业种植	耕地	18	0.7
	园林	2.5	0.02

表 6-4　种植业面源污染负荷计算结果

土地利用方式	面积/hm²	污染负荷/kg		入水负荷/kg	
		TN	TP	TN	TP
耕地	164 710	2 964 780	115 297	237 182.4	9 223.76
园林	1 035	2 587.5	20.7	207	1.656
合计	165 745	2 967 367.5	115 317.7	237 389.4	9 225.416

6.2.3　畜禽养殖污染量核算

查找《农业技术经济手册》《家畜粪尿排放量和肥分的研究进展》,可得单位畜禽每年排泄粪便中的污染物含量。单只羊的尿液年排放量数据缺失,根据多方查阅,可用同为偶蹄目牛科的牛尿液中的污染物含量按比例进行计算,计算成果如表 6-5 所示。

表 6-5　《农业技术经济手册》中的畜禽养殖污染物产生量

污染物	牛/(kg/a)		猪/(kg/a)		羊/(kg/a)		禽类/(kg/a)
	粪	尿	粪	尿	粪	尿	粪
COD	226.3	21.9	20.7	5.91	4.4	1.45	1.165
BOD	179.07	14.6	22.7	3.28	2.7	0.96	1.015
NH_3-N	12.48	12.67	1.23	0.84	0.57	0.84	0.125
TP	8.61	1.46	1.36	0.34	0.45	0.10	0.115
TN	31.9	29.2	2.34	2.17	2.28	1.93	0.275

结合《农业技术经济手册》中的畜禽养殖污染物产生量进行计算,考虑到息县大范围与前面 5 个水库流域的不同,其中包含将近一半的城镇化人口,有更为先进的集中养殖厂区,因此各类污染物的入水系数均为 8%,可得到息县流域畜禽养殖各类污染物的污染负荷和入水负荷,如表 6-6 所示。

表 6-6　息县流域畜禽养殖各类污染物负荷计算结果

污染物	牛/(t/a)		猪/(t/a)		羊/(t/a)		禽类/(t/a)	污染负荷/(t/a)	入水负荷/(t/a)
	粪	尿	粪	尿	粪	尿	粪		
COD	7 038	681	733	209	290	96	4 516	13 563	678
BOD	5 569	454	804	116	178	63	3 935	11 119	556
NH_3-N	388	394	44	30	38	55	485	1 433	72
TP	268	45	48	12	30	7	446	855	43
TN	992	908	83	77	150	127	1 066	3 404	170

6.2.4　水产养殖污染量核算

将息县流域的水产养殖情况与产排污系数相乘,可得该流域水产养殖的污染负荷和入水负荷,计算结果如表 6-7 所示。

表 6-7　息县上游流域水产养殖污染计算结果

水产养殖类型	产量/t	产污系数/[g/(kg·a)]			污染负荷/(kg/a)		
		TN	TP	COD	TN	TP	COD
鱼类	16 755	2.321	1.089	24.18	38 888	18 246	405 136
虾蟹	1 164	37.879	7.278	56.715	44 091	8 472	66 016
贝类	24	91.414	7.741	60.938	2 194	186	1 463
合计	17 943				85 173	26 904	472 615

水产养殖类型	产量/t	排污系数/[g/(kg·a)]			入水负荷/(kg/a)		
		TN	TP	COD	TN	TP	COD
鱼类	16 755	1.822	0.883	19.608	30 528	14 795	328 532
虾蟹	1 164	1.58	0.278	33.435	1 839	324	38 918
贝类	24	12.264	1.055	60.938	294	25	1 463
合计	17 943				32 661	15 144	368 913

6.2.5　息县面源污染量成果

对上述计算的乡村生活污染、城镇生活污染、种植业污染、畜禽养殖污染、水产养殖污染的计算结果进行汇总,可以计算得到息县面源污染的计算结果,如表 6-8 所示。

表 6-8　息县流域面源污染计算结果

类别	污染负荷				入水负荷			
	TN/(t/a)	贡献率/%	TP/(t/a)	贡献率/%	TN/(t/a)	贡献率/%	TP/(t/a)	贡献率/%
市镇生活	916.79	11.14	72.64	6.38	45.84	7.25	3.63	4.40
农村生活	859.44	10.44	68.1	5.98	146.1	23.12	11.58	14.02
农林污染	2 967.37	36.04	115.32	10.13	237.4	37.56	9.23	11.18
畜禽养殖	3 404	41.35	855	75.13	170	26.90	43	52.07
水产养殖	85.17	1.03	26.9	2.36	32.66	5.17	15.14	18.33
总计	8 232.77	100	1 137.96	100	632	100	82.58	100

6.3　息县面源污染入河量结果合理性分析

与之前的 3 座水库的污染物核算方法不同,息县行政区内的面源污染物产生和入水估算范围是由行政区划非自然边界进行分割的,在资料有限的情况下核算难免出现误差的累积。息县附近能提供计算基本资料的水文站有 3 座,分别是位于淮河干流上游的长台关水文站、位于淮河支流上游的竹竿铺水文站和位于淮河下游干流的息县水文站,这 3 座水文观测站的地理位置如图 6-1 所示。

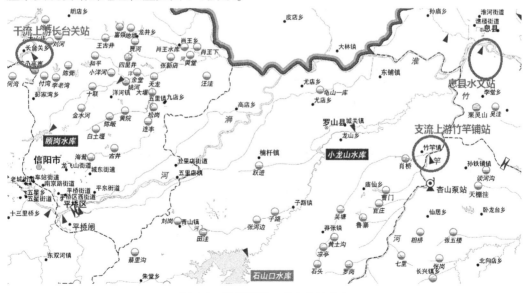

图 6-1　息县附近 3 座水文站分布

息县地处淮河上游流域的中间区域,在核算的时候需要消除上游流域所带来的污染物干扰因素,因此在息县的面源污染物核算过程中,需用水文比拟法,同面积折算息县上下游的来水量,即可得到这一区间流域的污染物入水量,从而进行核算。

需要特别注意的是,这一区间流域的并非全为息县的行政区域,但经过调查考证认为核算区域的经济生活指标与息县行政区相接近,下垫面条件类似,无明显山脉和湖泊影响,且区间流域面积与息县行政区面积大小差别不大,故有理由认为核算具有一定的代表性。

3 座水文站的逐月平均流量来自河南省信阳水文水资源勘测局提供的 2018 年 1—12 月的流量监测数据,而淮河污染物数据来自国务院生态环境部所提供的 2018 年各月全国大中流域水质检测报告,这类报告指出淮河上游干流流域长期处于Ⅲ类水质,即总磷含量为 0.2 mg/L,总氮含量为 1.0 mg/L,淮河干流属于流动水体,其自然降解能力相较于水库湖泊等静态水体大大降低,此处不再考虑。

估算结果显示,息县邻近流域的非点源总磷入水量为 119.33 t/a,总氮入水量为 596.63 t/a,与前文估算的息县行政区面源污染物入水量具有良好的一致性,可以认为估算与核算结果相接近,计算结果匹配,该流域内面源污染物入水量评估有效。

6.4　排放系数统计

经过对输出系数和入河系数进行调查,采用汛期分割法对入河负荷进行校正,可以得到浉河水库不同污染源的排放系数。计算和统计成果如表 6-9 所示。

表 6-9　浉河水库单位生产生活污染物排放系数

单位生产生活 排放系数		污染系数		入河 系数	排放系数	
		TN	TP		TN	TP
城乡生活		1.92 kg/(人·a)	0.15 kg/(人·a)	0.05	0.096 kg/(人·a)	0.007 5 kg/(人·a)
农业种植	耕地	18 kg/(hm²·a)	0.7 kg/(hm²·a)	0.05	0.9 kg/(hm²·a)	0.035 kg/(hm²·a)
	园地	2.5 kg/(hm²·a)	0.02 kg/(hm²·a)	0.05	0.125 kg/(hm²·a)	0.001 kg/(hm²·a)

续表 6-9

单位生产生活排放系数		污染系数		入河系数	排放系数	
		TN	TP		TN	TP
畜禽养殖	牛粪	31.9 kg/(头·a)	8.61 kg/(头·a)	0.07	2.233 kg/(头·a)	0.602 7 kg/(头·a)
	牛尿	29.2 kg/(头·a)	1.46 kg/(头·a)	0.07	2.044 kg/(头·a)	0.102 2 kg/(头·a)
	猪粪	2.34 kg/(头·a)	1.36 kg/(头·a)	0.07	0.163 8 kg/(头·a)	0.095 2 kg/(头·a)
	猪尿	2.17 kg/(头·a)	0.34 kg/(头·a)	0.07	0.151 9 kg/(头·a)	0.023 8 kg/(头·a)
	羊粪	2.28 kg/(只·a)	0.45 kg/(只·a)	0.07	0.159 6 kg/(只·a)	0.031 5 kg/(只·a)
	羊尿	1.93 kg/(只·a)	0.1 kg/(只·a)	0.07	0.135 1 kg/(只·a)	0.007 kg/(只·a)
	禽粪	0.275 kg/(只·a)	0.115 5 kg/(只·a)	0.07	0.019 25 kg/(只·a)	0.008 085 kg/(只·a)
	兔粪	0.176 kg/(只·a)	0.102 5 kg/(只·a)	0.07	0.012 32 kg/(只·a)	0.007 175 kg/(只·a)
	兔尿	0.039 kg/(只·a)	0.006 5 kg/(只·a)	0.07	0.002 73 kg/(只·a)	0.000 455 kg/(只·a)
水产养殖	鱼类	2.321 g/(kg·a)	1.089 g/(kg·a)	—	1.822 g/(kg·a)	0.883 g/(kg·a)
	虾蟹	37.879 g/(kg·a)	7.278 g/(kg·a)	—	1.58 g/(kg·a)	0.278 g/(kg·a)
	贝类	91.414 g/(kg·a)	7.741g g/(kg·a)	—	12.264 g/(kg·a)	1.055 g/(kg·a)

6.5 小 结

根据输出系数模型及入河污染计算公式可以分别计算出城乡生活污染、农业种植污染、畜禽养殖污染和水产养殖污染的污染负荷及入水负荷,再根据各自的负荷计算不同污染来源的贡献率。息县上游流域内 TN、TP 的污染负荷分别为 8 232.77 t/a、1 137.96 t/a,流域内污染负荷 TN 的负荷量是 TP 负荷量的 7.23 倍。该流域内 TN、TP 的入水负荷分别为 632 t/a 和 82.58 t/a,入水负荷 TN 的负荷量是 TP 负荷量的 7.65 倍。从占比来看,畜禽养殖仍然是 TN 和 TP 污染物的重要来源,TN 的污染负荷和入水负荷的贡献率分别为 41.35% 和 26.90%,TP 的污染负荷和入水负荷的贡献率分别为 75.13% 和 52.07%。

耕地面源污染中 TN 和 TP 的贡献率第二大,污染负荷值分别为 2 967.37 t/a 和 115.32 t/a,贡献率分别为 36.04% 和 10.13%。需要特别注意的是,息县作为信阳地区的传统农业大县,耕地的 TP 污染负荷和入水负荷并不大,其产生的主要污染物是 TN,这主要是由于耕地中大量含氮类化肥和农药的使用,残留物直接随着降雨和地下水进入流域。而畜禽养殖的 TP 污染负荷是非常大的,尽管经过一定程度的污染物收集和处理,但 TP 入水负荷贡献率依然高达 52%,说明了以下两点:

(1)虽然经过技术调整和畜禽粪尿二次加工利用使得入水系数已经降到了 0.08,但是所产生的负荷占比依旧是非常大的,需要进一步的技术改进,降低污染,提高生产和产品利用效率。

(2)畜禽养殖中应适当减少饲料中磷类有机物质或无机物质的含量,合理减少抗生素和生长激素的使用,以此来达到降低总磷污染物排放的目的。农村居民生活的污染负荷贡献率并不高,但是其入水负荷却占比明显提高,TN 和 TP 的污染负荷和入水负荷的贡献率分别从 10.44% 上升到了 23.12%、从 5.98% 上升到了 14.02%,说明息县流域的农村居民生活污水亟待收集后进行预处理,尽可能降低污染物的入水负荷。TN 入水负荷贡献率分配图如图 6-2 所示,TP 入水负荷贡献率分配图如图 6-3 所示。

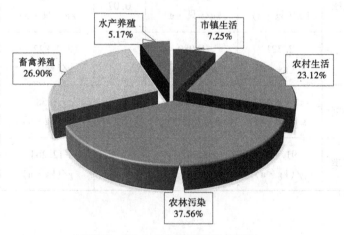

图 6-2 TN 入水负荷贡献率分配图

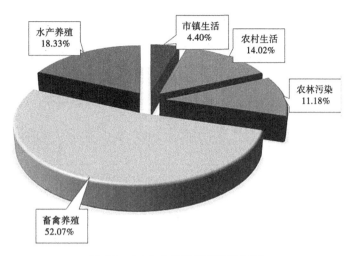

图 6-3　TP 入水负荷贡献率分配图

第7章 "三库一县"面源污染调查与核算总结

根据相关规范和计算方法,本书针对信阳市鲇鱼山水库、石山口水库、泼河水库和息县的面源污染进行了调查与核算,结论如下:

(1)信阳市"三库一县"的面源污染来源主要是居民生活污染、种植业污染、畜禽养殖污染和水产养殖污染。

(2)针对TN污染,居民生活用水的TN产污系数为1.92 kg/(人・a),城镇生活用水的TN产污系数为3.05 kg/(人・a),种植业中耕地的TN产污系数为18 kg/hm²,茶园的TN产污系数为2.5 kg/hm²,畜禽养殖污染中,不同牲畜的TN产污系数在0.176~31.9 kg/a,水产养殖污染中,不同产品的TN产污系数为2.32~91.41 kg/a;针对TP污染,居民生活用水的TP产污系数为0.15 kg/(人・a),城镇生活用水的TP产污系数为0.24 kg/(人・a),种植业中耕地的TP产污系数为0.7 kg/hm²,茶园的TP产污系数为0.02 kg/hm²,畜禽养殖污染中,不同牲畜的产污系数在0.102~8.61 kg/a,水产养殖污染中,不同产品的产物系数为1.089~7.741 kg/a。

(3)居民生活污染的入河系数平均为0.18;由于城镇生活污水部分集中收集,因此城镇生活污染的入河系数为0.05;种植业污染根据流域和区域的地形不同,入河系数为0.05~0.2;由于信阳市实现规模化养殖,并且集中处理率在50%左右,因此信阳市畜禽养殖污染物入河系数较其他地区小很多,为0.08~0.1;水产养殖生活在水中,污染物入水系数为0.2~0.5。

(4)鲇鱼山水库上游流域内TN、TP的污染负荷分别为753.01 t/a、150.15 t/a,该流域内TN、TP的入水负荷分别为115.82 t/a、22.6 t/a。从占比来看,畜禽养殖是TP污染物的主要来源,TP的污染负荷和入水负荷的贡献率分别为75.15%和49.91%;城乡生活是TN污染的一项重要来源,其污染负荷和入水负荷的贡献率分别为21.44%和25.08%。水产养殖所带来的非点源污染是第二大TP污染来源,水产养殖直接排放污染物的性质,使得在TP污染负荷的贡献率仅为13.35%的情况下,其入水负荷迅速增加到了35.93%。

(5)石山口水库上游流域内TN、TP的污染负荷分别为1 123.18 t/a、260.3 t/a,流域内TN的负荷量是TP负荷量的4.31倍。该流域内TN、TP的入水负荷分别为138.437 t/a、32.003 t/a,入水负荷TN的负荷量是TP负荷量的4.33倍。畜禽养殖是TN和TP污染物的重要来源,TN的污染负荷和入水负荷的贡献率分别为57.41%和46.58%,TP的污染负荷和入水负荷的贡献率分别为85.61%和69.63%。城乡生活污染中TN的贡献率第二大,污染负荷值为224.84 t/a,贡献率为20.02%。需要特别注意的是,城乡居民生活TN和TP的入水负荷分别为40.47 t/a和3.21 t/a,虽然其污染负荷贡献率不高,但是其入水负荷占比却明显提高,贡献率分别从20.02%上升到了29.23%、从6.85%上升到了10.03%。

(6)泼河水库上游流域内TN、TP的污染负荷分别为1 178.11 t/a、114.67 t/a,流域内TN负荷量是TP负荷量的10.3倍。该流域内TN、TP的入水负荷分别为62.99 t/a、11.5 t/a,入水负荷TN的负荷量是TP负荷量的5.5倍。畜禽养殖是TP污染物的重要来源,TP的污染负荷和入水负荷的贡献率分别为79.66%和55.57%。城乡居民生活是TN污染物的重要来源,TN的污染负荷和入水负荷的贡献率分别为13.33%和44.88%,TP的污染负荷和入水负荷的贡献率分别为10.70%和19.22%。

　　(7)息县上游流域内 TN、TP 的污染负荷分别为 8 232.77 t/a、1 137.96 t/a,流域内污染负荷 TN 的负荷量是 TP 负荷量的 7.23 倍。该流域内 TN、TP 的入水负荷分别为 632 t/a、82.58 t/a,入水负荷 TN 的负荷量是 TP 负荷量的 7.65 倍。畜禽养殖仍然是 TN 和 TP 污染物的重要来源,TN 的污染负荷和入水负荷的贡献率分别为 41.35% 和 26.90%,TP 的污染负荷和入水负荷的贡献率分别为 75.13% 和 52.07%。

　　(8)采用汛期分割法对"三库一县"的面源污染入河量进行合理性评价,可知本书核算的入河污染负荷与汛期分割法计算的污染负荷在量级和趋势上具有一致性,说明本书对面源污染的入河量核算具有合理性。